U0743504

高等职业教育机电类专业"十三五"规划教材

钳工工艺技术实训

主　编　童永华

副主编　陈　冰　张　精　顾工宣

主　审　赵光霞

西安电子科技大学出版社

内 容 简 介

　　本书以零基础为起点,注重对学生钳工职业技能的培养,突出可操作性和实用性,并加入了团队合作的学习操作内容,符合现代社会对企业工匠人才的需求目标。

　　本书按项目制编写,共分为十二个项目,内容包括:入门知识、测量、划线、锉削、锯削、台阶圆弧角度块加工、孔加工、螺纹加工、七巧板制作与模型坦克制作(团队合作项目)、冲压模具拆装和初、中、高级技能考核训练。本书从入门开始,先简单后复杂,前一项目为后一项目准备必要的知识与技能阶梯,后一项目又在前一项目的基础上进行技能训练的提升。通过学习本书,可使读者由初学者成为具备一定技能的技术人才。

　　本书可作为五年制高职、技工学校、职业学校机械制造专业、机电一体化专业、数控技术专业、模具专业的专业课教材,也可作为企业职工的培训教材。

图书在版编目(CIP)数据

钳工工艺技术实训/童永华主编. — 西安:西安电子科技大学出版社,2018.1
ISBN 978-7-5606-4781-4

Ⅰ. ① 钳… Ⅱ. ① 童… Ⅲ. ① 钳工—工艺 Ⅳ. ① TG9

中国版本图书馆 CIP 数据核字(2017)第 300604 号

策划编辑	李惠萍　秦志峰
责任编辑	滕卫红　阎　彬
出版发行	西安电子科技大学出版社(西安市太白南路 2 号)
电　　话	(029)88242885　88201467　　邮　编　710071
网　　址	www.xduph.com　　　　电子邮箱　xdupfxb001@163.con
经　　销	新华书店
印刷单位	陕西天意印务有限责任公司
版　　次	2018 年 1 月第 1 版　　2018 年 1 月第 1 次印刷
开　　本	787 毫米×1092 毫米　1/16　印　张　11.5
字　　数	269 千字
印　　数	1～3000 册
定　　价	28.00 元

ISBN 978-7-5606-4781-4/TG

XDUP 5083001-1

***** 如有印装问题可调换 *****

前　言

钳工工艺技术实训课程作为机电一体化、数控技术、电气自动化技术、数控设备应用与维护、模具设计与制造等专业的一门基础训练课程,旨在促进学生掌握钳工各项基本操作技能以及与之相联系的工艺基础知识,培养学生成为具有现代工匠精神的技术型人才。该课程构建了钳工职业领域毕业生从业的核心职业能力,承担着培养学生专业技能,使其毕业后在未来职业生涯中从初始低层次的操作工向更高层次的工艺技术员等岗位迁移的重任。

本书是根据国家最新制定的"钳工实训"核心课程标准,参照相关国家职业技能标准和有关行业技能鉴定规范编写而成的。

本书以任务为驱动,按照项目式教学方式展开教学内容,具体编写特色有:

(1) 遵循学生认知规律,实现理论与实践一体化教学。

本书以"够用、实用、适用"为原则,遵循学生的认知规律,强化学生专业能力和职业素养的培养。以"应用"、"实用"为主旨和特征来构建实训教学内容体系,实现理论与实践的一体化,突出对学生实践动手能力的培养,重视学生知识、能力、素质的综合发展。

(2) 符合课程改革要求,以任务为驱动,按项目化组织教学。

本书采用了项目化教学方式,对工作项目的教学进行科学设计,将趣味性与实用性相结合,在零件分析、知识准备、加工工艺的确定、操作训练、检测、知识拓展等方面进行项目式教学,通过综合项目的任务驱动,以团队合作形式完成教学项目,培养学生合作、沟通、团结的能力,利于学生的可持续发展,符合新时期课程改革的要求。

(3) 图文并茂,实用性强。

本书的相关操作和加工工艺均以图文并茂的方式呈现,步骤与图示一一对应,学生可以根据教材步骤的提示进行自主学习和操作训练,能一目了然地读懂操作要求和实施步骤,降低了课程学习难度。

本书由江苏省联合职业技术学院无锡交通分院童永华担任主编,江苏省连云港中等专业学校陈冰、江苏联合职业技术学院无锡立信分院张精、无锡华美钢材加工有限公司顾工宣担任副主编。其中项目三、项目十、项目十一、项目十二由童永华编写，项目一、项目四、项目五、项目九由陈冰与张精合作编写，项目二、项目六由张精编写，项目七、项目八由顾工宣与张精合作编写。全书由童永华统稿。本书由镇江高等职业技术学校赵光霞教授担任主审。

在编写本书的过程中，我们得到了无锡钳工教研室同仁及江苏联合职业技术学院无锡立信分院王宝康老师的大力支持，在此表示衷心的感谢。本书在编写过程中参考了一些相关教材，在此也特向相关作者表示诚挚的谢意。

由于编者的水平有限，书中难免存在不妥之处，恳请读者批评指正。

编　者

2017 年 10 月

目 录

项目一 入门知识

[项目图样]

台虎钳装配结构如图 1-1 所示。

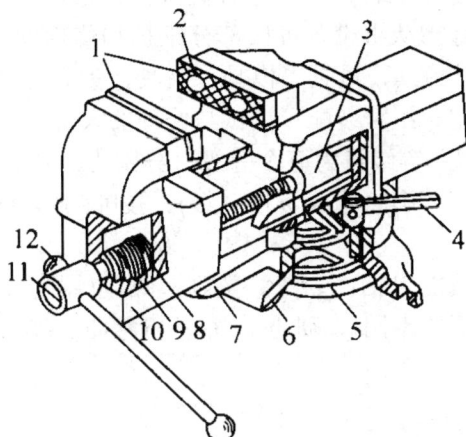

1—钳口；2—钳口螺钉；3—丝杠螺母；4—夹紧盘扳手；5—夹紧盘；
6—转盘座；7—固定钳身；8—挡圈；9—弹簧；10—活动钳身；11—丝杠；12—手柄
图 1-1 台虎钳装配结构示意图

[项目简介]

台虎钳为钳工必备工具，也是钳工名称的来源，因为钳工的大部分工作都是在台虎钳上完成的，比如锯削、锉削、錾削，以及零件的拆装。

通过台虎钳的拆装这一工作任务，学生应初步具备对钳工的工作内容、场地设备、常用工具、安全文明生产的基本认知，能够具有对台虎钳进行正确拆卸、安装、使用及维护的能力，并建立起钳工的职业岗位意识。

[项目准备]

(1) 材料准备：煤油、润滑油、润滑脂、除锈剂、毛巾。

(2) 工具准备：油盆、内六角扳手、活络扳手、卡簧钳、尖嘴钳、毛刷、油石、手锤。

(3) 量具准备：卷尺。

(4) 实训准备：

① 领用工具，了解工具的使用方法及使用要求，将工具摆放整齐；实训结束时按工具清单清点工具，并交指导教师验收。

② 熟悉实训要求。复习有关理论知识，详细阅读本书相关内容，在实训过程中认真掌握实训要求的重点及难点内容。

[知识储备]

一、初识钳工

钳工是使用钳工工具或设备，按技术要求对工件进行加工、修整、装配的工种。钳工的主要任务是加工零件、组织装配、设备维修，以及工具的制造和修理。

钳工按其工作性质和国家职业标准分为装配钳工、机修钳工、工具钳工三类。装配钳工是指操作机械设备或使用工装、工具，对机械设备零件、组件或成品进行组合装配与调试的人员。机修钳工是指从事设备机械部分维护和修理的人员。工具钳工是指操作钳工工具、钻床等设备，对刃具、量具、模具、夹具、索具、辅具等(统称工具，亦称工艺装备)零件进行加工和修整、组合装配、调试与修理的人员。

国家职业标准将钳工职业等级设为五个等级，分别为：初级(国家职业资格五级)、中级(国家职业资格四级)、高级(国家职业资格三级)、技师(国家职业资格二级)、高级技师(国家职业资格一级)。

钳工常用的基本操作技能包括：划线、錾削、锯割(锯削)、锉削、钻孔、扩孔、锪孔、铰孔、攻螺纹、套螺纹、刮削、研磨、矫正和弯曲、铆接、装配和调试、设备维修、测量和简单的热处理等。

二、钳工工作场地

钳工工作场地布局要合理。一般划分为钳工工位区、划线区、台钻区和刀具刃磨区等区域，各区域应当划白线分隔开，区域之间留有安全通道。其中台钻区和刀具刃磨区应当安置在安全可靠的地方，最好设置独立的工作间。钳工工位区放置钳工工作台，这里是钳工工作的主要区域。钳工工作台应放置在光线适宜、工作方便的地方，工作台之间的距离应适当。

工作场地应保持整洁。钳工工作完成后应按要求对设备、工具、量具进行清理、保养，把工作场地打扫干净，并将切屑等进行分类回收，及时运送到指定地点，注意节能环保。

三、钳工常用设备

1. 钳工工作台

钳工工作台也称钳台、钳桌，用来安装台虎钳和摆放工具、量具。钳桌一般为木制或者钢木结构，以便确保工作时的稳定性。如图 1-2 所示为单人钳工工作台，如图 1-3 所示为六角式钳工工作台。为了配合操作者的工作高度和位置，要求钳桌的高度(桌面到地面的距离)为 800～900 mm，钳桌的长度和宽度可根据工作场地的大小和实际生产需要来确定。钳桌还可以用来放置和收藏钳工常用的各种工具、量具和准备加工的工件。

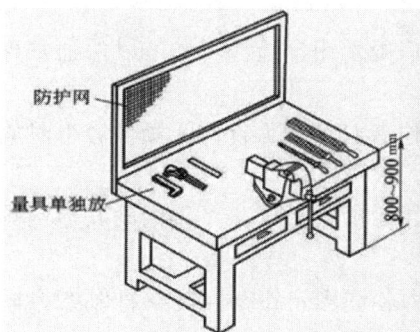

图 1-2 单人钳工工作台   图 1-3 六角式钳工工作台

钳工工作台的使用及保养注意事项如下:

(1) 钳桌上的各种工具、量具、工件要放置合理、摆放整齐，不允许随意堆放，不能处于钳桌边缘之外，以免意外碰落，砸伤人员或损伤物品。

(2) 常用工具、量具应放在工作位置附近，左手工具放置在台虎钳左侧，右手工具放置在台虎钳右侧，量具应放置在台虎钳的正前方，便于随时取用，用后需及时放回原处。

(3) 量具和精密零件要轻拿轻放，不用时需放置于专用盒内。

(4) 工件加工完成后，应马上清除桌面上的切屑和杂物，将工具、量具和工件整齐地摆放在钳桌的抽屉内或柜内的工具箱中，以保持桌面的整洁。

2. 台虎钳

台虎钳又称虎钳，用来夹持工件，其工作原理是利用螺旋传动来夹紧和松开工件。台虎钳有固定式、回转式、升降式三种，如图 1-4 所示。

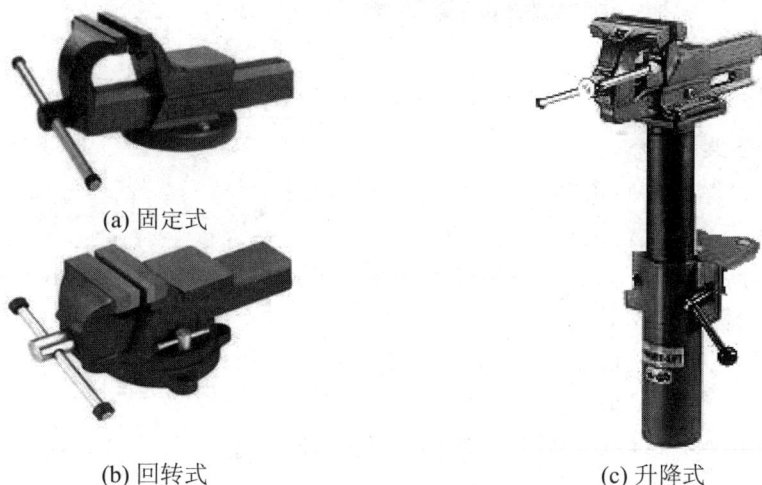

(a) 固定式

(b) 回转式   (c) 升降式

图 1-4 台虎钳

由于回转式台虎钳的整个钳身可以旋转，能满足工件不同方位加工的需要，使用方便，因此回转式台虎钳在钳工中的应用非常广泛。回转式台虎钳由固定钳身、活动钳身、螺母、夹紧盘、转盘座、长手柄和丝杆组成。台虎钳的规格是用钳口宽度表示的，常用的规格有 100 mm(4 英寸)、125 mm(5 英寸)、150 mm(6 英寸)等。

台虎钳的使用及保养注意事项如下：

(1) 台虎钳安装在钳桌上，必须使固定钳身的钳口处于钳桌边缘以外，以保证垂直夹持长条形工件时，工件的下端不受钳桌边缘的阻碍。

(2) 台虎钳安装的高度一般以钳口高度恰好与操作者肘齐平为宜，即操作者将肘放在台虎钳最高点处半握拳，拳刚好可抵下颚的位置。

(3) 台虎钳夹紧工件时要松紧适当，操作者只能用手扳紧手柄，不得借助其他工具加力，以免损坏丝杆和螺母。

(4) 强力作业(如錾削锤击)时，操作者应尽量使力朝向固定钳身且与丝杆轴线方向一致，不允许在活动钳身和光滑平面上敲击作业。

(5) 对于丝杠、丝杠螺母等活动表面，应经常清洗、润滑，以防生锈，保证灵活使用。

3. 砂轮机

砂轮机是用来磨削各种刀具、工具和去除工件或材料锐边毛刺的简易机器。它主要由基座、砂轮、电动机、托架、防护罩等组成，如图 1-5 所示。砂轮是由磨料与黏结剂等黏结而成的，质地硬而脆，工作时转速较高，因此使用时对砂轮的检查、安装、平衡试验、修整和储运等，都要严格遵守安全操作规程，严防产生砂轮碎裂现象并引发人身事故。

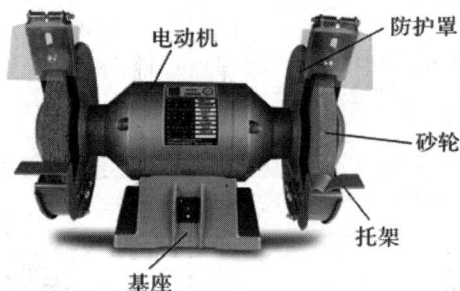

图 1-5　砂轮机

1) 砂轮机的安全操作规程

(1) 未经允许，严禁操作砂轮机。

(2) 砂轮安装规范、调试合格后方可使用。

(3) 砂轮机启动后，操作人员应在砂轮机旋转平稳后再进行磨削。若砂轮机跳动明显，操作人员应及时停机修整。

(4) 砂轮机的旋转方向要正确，应与砂轮罩上的箭头方向一致，使磨屑向下方飞离砂轮与工件。

(5) 磨削时，操作人员应站在砂轮机的侧面，且用力不宜过大，禁止两人同时在一块砂轮上操作。

(6) 磨削时，操作人员应戴好防护眼镜。

2) 砂轮机的维护与保养注意事项

(1) 定期检查电动机，应保证绝缘电阻不低于 5 MΩ，应使用带漏电保护装置的断路器与电源连接。

(2) 更换新砂轮时要进行动、静平衡试验。

(3) 定期检查砂轮的质量，注意硬度、粒度和外观有无裂缝等缺陷。

(4) 保持吸尘完好有效。

(5) 使用完毕，及时切断电源，清扫现场，以防粉尘污染。

4. 台钻

台式钻床简称台钻，是一种安放在作业台上、主轴垂直布置的小型钻床，最大孔直径为 13 mm，常用型号为 Z4012，它由防护罩、机头、电动机、主轴(主轴上安装有钻夹头)、进给手柄、工作平台、立柱和底座组成，如图 1-6 所示。其特点是：小巧灵活，使用方便，结构简单。台式钻床主要用于加工小型工件上的各种小孔，在仪表制造、钳工装配中运用较多。

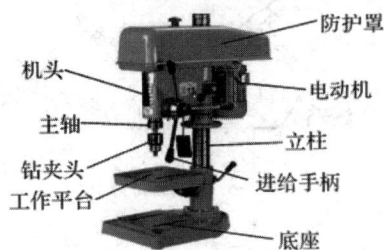

图 1-6　台式钻床

1) 台式钻床的安全操作规程

(1) 钻头与工件必须装夹紧固，操作人员不能手握工件。

(2) 装卸钻头时应用专用钥匙和扳手，操作人员不可用手锤和其他工具物件来敲打。

(3) 钻头在运转时，禁止操作人员用手、毛巾等擦拭钻床及清除铁屑。

(4) 更换钻头、调节转速时必须切断电源。

(5) 操作人员必须穿紧口领、袖的衣服，严禁戴手套。

2) 台式钻床的维护与保养注意事项

(1) 工作完毕后及时清理台面上的碎屑。

(2) 定期为主轴及钻夹头注油。

(3) 定期检查主轴皮带的张紧度。

(4) 若长期不用钻床，应在钻床的工作平台表面涂抹黄油，防止生锈。

(5) 定期清理钻夹头表面的毛刺。

四、钳工常用工具

1. 手锤

手锤一般指单手操作的锤子，是敲打物体使其移动或变形的工具。它主要由手柄和锤头组成。手锤的种类较多，一般分为硬头手锤和软头手锤两种。硬头手锤用碳素工具钢 T7 制成，常用的有扁头锤、圆头锤；软头手锤的锤头是用铅、铜、硬木、牛皮或橡皮制成的。锤头的软硬度选择，要根据工件材料及加工类型决定，比如錾削时使用硬锤头，而装配和调整时一般使用软锤头。手锤实物照片如图 1-7 所示。手锤的规格以锤头的重量来表示，如 0.25 kg、0.5 kg 和 1 kg 等。

(a) 扁头锤　　　　　　　　(b) 圆头锤　　　　　　　　(c) 橡胶锤

图 1-7　手锤

使用手锤时，操作人员要注意锤头与锤柄的连接必须牢固，稍有松动应立即加楔紧固或重新更换锤柄，锤子的手柄长短必须适度，经验证，比较合适的长度是手握锤头，前臂的长度与手锤的长度相等；在需要较小的击打力时可采用手挥法，在需要较强的击打力时，宜采用臂挥法。手锤的握法有紧握法与松握法两种，如图 1-8 所示。

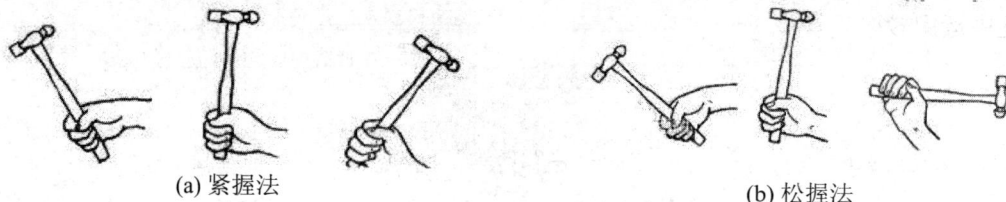

(a) 紧握法　　　　　　　　　　　　　　　　　　(b) 松握法

图 1-8　手锤的握法

2. 螺丝刀

螺丝刀又称起子、改锥，是一种用于旋紧或松脱螺钉的工具，如图 1-9 所示。常见螺丝刀主要有一字(负号)和十字(正号)两种。根据其构造还可分为直型、曲柄型和组合型三种类型。

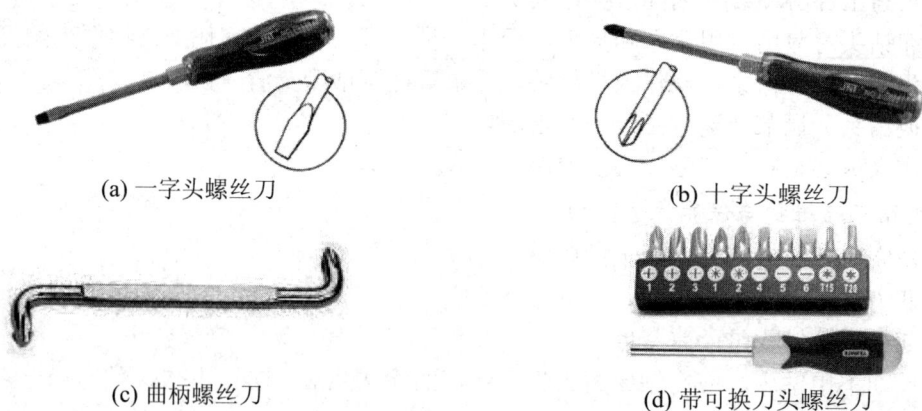

(a) 一字头螺丝刀　　　　　　　　　　　(b) 十字头螺丝刀

(c) 曲柄螺丝刀　　　　　　　　　　(d) 带可换刀头螺丝刀

图 1-9　螺丝刀

操作人员要根据螺钉的尺寸选择螺丝刀的刀口宽度，如图 1-10 所示，否则易损坏刀口或螺钉。

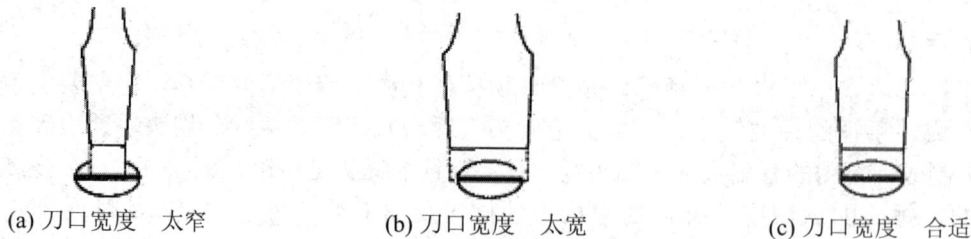

(a) 刀口宽度　太窄　　　　　(b) 刀口宽度　太宽　　　　　(c) 刀口宽度　合适

图 1-10　螺丝刀的选用

3. 扳手

扳手是一种常用的安装与拆卸工具。扳手是利用杠杆原理拧转螺栓、螺钉、螺母和其他螺纹紧持螺栓、螺母的开口或套孔固件的手工工具。扳手通常在柄部的一端或两端制有夹持螺栓、螺母的开口或套孔。操作人员使用时沿螺纹旋转方向在柄部施加外力，就能拧转螺栓或螺母。常用扳手的种类有呆扳手、梅花扳手、组合式扳手、活络扳手、套筒扳手、扭力扳手和内六角扳手等，如图 1-11 所示。选用扳手时应根据工作性质选择合适的扳手。

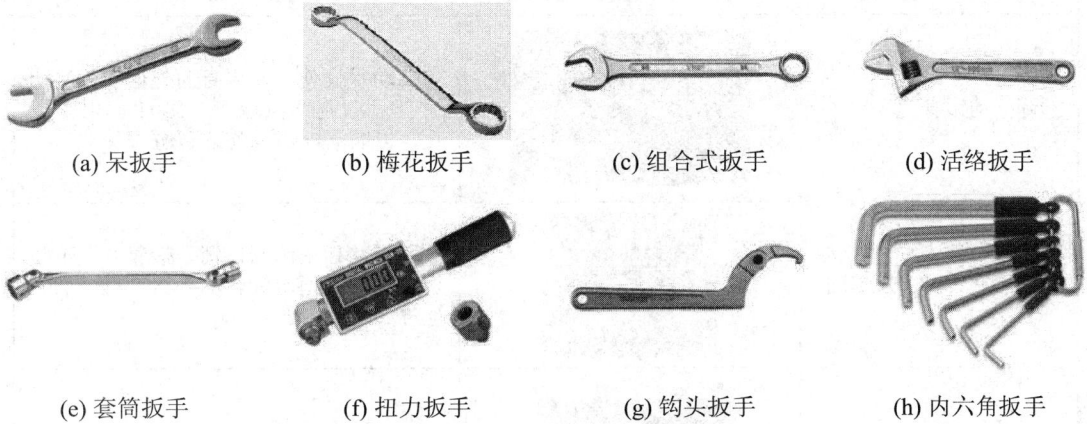

(a) 呆扳手	(b) 梅花扳手	(c) 组合式扳手	(d) 活络扳手
(e) 套筒扳手	(f) 扭力扳手	(g) 钩头扳手	(h) 内六角扳手

图 1-11　扳手

4. 钳子

钳子是一种用于夹持、固定加工工件或者扭转、弯曲、剪断金属丝线的手工工具。钳嘴的形式很多，常见的样式有尖嘴、平嘴、扁嘴、圆嘴、弯嘴等，可适应对不同形状工件的作业需要。钳工常用的钳子有鱼嘴钳、钢丝钳、圆头尖嘴钳、剪钳、卡簧钳、管子钳等，如图 1-12 所示。

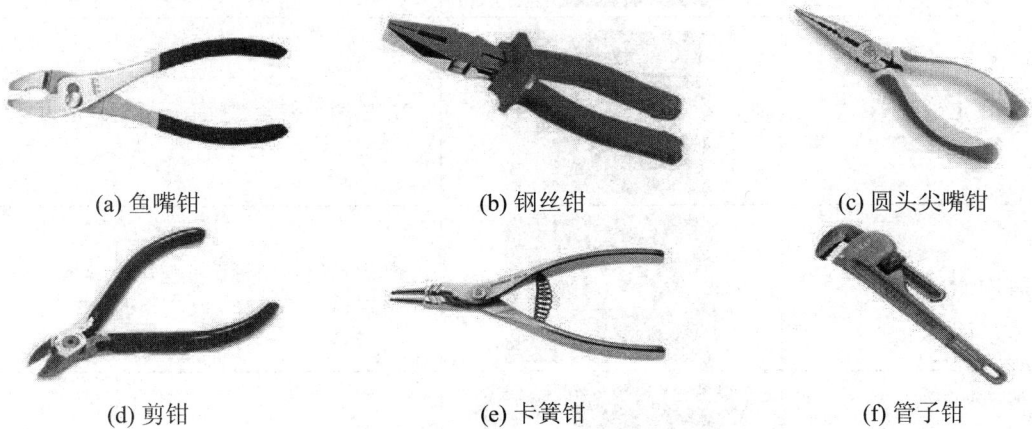

(a) 鱼嘴钳	(b) 钢丝钳	(c) 圆头尖嘴钳
(d) 剪钳	(e) 卡簧钳	(f) 管子钳

图 1-12　钳工常用钳子

[**项目实施**]

一、台虎钳的拆卸

台虎钳的拆卸步骤见表 1-1。

表 1-1　台虎钳的拆卸步骤

工　序	示　范	操作说明
拆卸活动钳身		转动手柄使活动钳身向外运动，活动钳身运动到终点取下，要注意用手托住，以防活动钳身落下砸伤
拆卸丝杠、弹簧及挡圈		取下丝杠中的开口销，接着再取下弹簧、挡圈，逆时针转动手柄，直至取出丝杠
拆卸钳口		使用内六角扳手，拆下活动钳身、固定钳身的钳口
拆卸丝杠螺母		使用活络扳手拧松丝杠螺母紧定螺钉，拆下螺母
拆卸固定钳身		拧松两个夹紧盘扳手，拆下固定钳身
拆卸转盘座		使用活络扳手拆下底座固定螺栓，分离夹紧盘、转盘座
零件清洁与摆放		清除固定钳身、螺母、丝杠等台虎钳各部件上的金属碎屑和油污。拆下的部件顺序放置

二、检查台虎钳

按图 1-1 所示台虎钳装配结构图，拆卸前、中、后检查各零件，具体步骤如下：
(1) 检查挡圈 8 和弹簧 9 是否固定良好。
(2) 检查钳口螺钉是否松动。
(3) 检查丝杠 11 和螺母 3 磨损情况。
(4) 检查螺母 3 的紧固螺钉是否变形或有裂纹。
(5) 检查铸铁部件是否有裂纹。
以上各部件在检查中若发现异常，操作人员应立即调整、或更换。

三、保养台虎钳

(1) 使用煤油清洗零件。
(2) 丝杠螺母 3 的孔内涂适量润滑脂(黄油)。
(3) 钳口 1 上涂防锈油。
(4) 其他运动表面涂机油。

四、组装台虎钳

台虎钳的组装与拆卸顺序相反，组装时应注意以下几点：
(1) 安装固定钳身时，左右两孔应分别对准夹紧盘 5 上的螺孔。
(2) 安装活动钳身时，需用手托住其底部，防止活动钳身掉落砸伤。
(3) 安装完毕时，需正反转动手柄 12，检查活动钳身运动是否顺畅、稳定。

五、台虎钳的拆装注意事项

(1) 拆装活动钳身时，需要注意防止其突然掉落。
(2) 检查拆卸后的部件，若有损伤部件，应及时修复或更换。
(3) 针对各移动、转动、滑动部件做清洁和润滑处理。
(4) 拆下的部件沿单一方向顺序放置，注意排放整齐；安装时，与拆卸时的顺序相反，后拆的部件先装。
(5) 维护保养完成后，必须将工作台打扫干净。

[项目评价]

项目完成后需认真填写项目评价表，进行项目总结。拆装台虎钳项目评价表见表 1-2。

表 1-2　拆装台虎钳项目评价表

班级：_____　姓名：_____　学号：_____　成绩：_____

序号	技术要求		配分	评分标准	自检记录	交检记录	得分
1	准备	(1) 工具、润滑油、防锈油、机油、除锈剂 (2) 清洗用煤油或柴油 (3) 零件挂架、容器等	10	操作前，应根据所用工具的需要和有关规定，穿戴好劳动保护用品。违反操作要求，酌情扣分			

序号		技术要求	配分	评分标准	自检记录	交检记录	得分
2	拆卸活动钳身	旋转手柄直到台虎钳丝杠与丝杠螺母分离，然后抽出活动钳身	5	拆卸活动钳身时，注意防止掉落。违反操作要求，酌情扣分			
3	拆卸丝杆	取出丝杠上的开口销后，抽出丝杆上的挡圈和弹簧，最后从活动钳身上抽出丝杠	5	文明操作；正确放置丝杆，防止变形。违反操作要求，酌情扣分			
4	拆卸钳口	用外六角扳手将与钳身相连的钳口上的螺钉拧掉，取下钳口	5	正确使用扳手，双手配合，防止掉落。违反操作要求，酌情扣分			
5	拆卸丝杠螺母	用活络扳手将丝杠螺母与固定钳身相连的螺钉取下，拿出丝杠螺母	5	正确使用扳手，双手配合，防止掉落。违反操作要求，酌情扣分			
6	拆卸固定钳身	将固定钳身与转盘座相连的夹紧盘扳手取下，然后取下固定钳身	5	正确使用扳手，双手配合，防止掉落。违反操作要求，酌情扣分			
7	拆卸转盘座和夹紧盘	用活络扳手将转盘座与钳桌相连的螺栓取下，取出转盘座和夹紧盘	5	双手配合，防止掉落。违反操作要求，酌情扣分			
8	清洁零件	清洁固定钳身、丝杠螺母、丝杠；将各部件上的碎屑和油污　清除	5	清洁零部件，便于检查；更换损坏零件登记备案。违反操作要求，酌情扣分			
9	检查零件	检查挡圈、弹簧、丝杠、丝杠螺母、螺钉等是否有变形、裂纹、磨损等现象，并及时更换	5	各零件注意摆放整齐；更换零件需登记备案。违反操作要求，酌情扣分			
10	保养零部件	保养各个零部件，丝杠螺母的孔内涂适量的黄油；钢件上涂防锈油等	5	维护时，应针对各移动、转动、滑动的部件做清洁和润滑处理。违反操作要求，酌情扣分			
11	台虎钳位置	固定钳身的钳口有一部分处在钳台边缘外	5	位置安装正确。违反操作要求，酌情扣分			
12	台虎钳固定	台虎钳一定要牢固地固定在钳桌上，夹紧盘扳手扳紧	5	确保钳身在加工时没有松动现象。违反操作要求，酌情扣分			
13	台虎钳装配顺序	装配时，要注意装配顺序(包括零件的正反方向)，装配与拆卸的顺序相反，做到一次装成	10	在装配中不轻易用锤子敲打，在装配前应将全部零件用煤油清洗干净，配合面、加工面一定要涂上机油或防锈油，方可装配。违反操作要求，酌情扣分			

续表二

序号	技术要求		配分	评分标准	自检记录	交检记录	得分
14	台虎钳验收	台虎钳运动顺畅、稳定	10	整体运行平稳没有卡阻、爬行现象。违反操作要求,酌情扣分			
15	加工工艺		5	不合理酌情扣分			
16	团队合作		5	不密切酌情扣分			
17	安全文明生产		5	不规范酌情扣分			
合 计			100				

[知识拓展]

钳工常用电动工具

随着科学技术进步,电动工具的应用越来越普及。钳工常用电动工具有角磨机、手电钻、砂轮切割机等。

1. 角磨机

角磨机又称研磨机或盘磨机,是一种手提式电动工具,如图 1-13 所示。角磨机利用高速旋转的薄片砂轮及橡胶砂轮、钢丝轮等对金属构件进行磨削、切削、除锈、磨光加工。

图 1-13 角磨机

角磨机的安全操作规程如下:

(1) 砂轮转动稳定后才能工作。

(2) 切割方向不能向着人。

(3) 连续工作半小时后要停机 15 分钟。

(4) 操作人员不能用手捉住小零件对角磨机进行加工。

(5) 工作完成后,操作人员应自觉清洁工作环境。

(6) 不同品牌和型号的角磨机各有不同,务必按说明书操作。

2. 手电钻

手电钻是一种手提式小型钻孔电动工具,广泛应用于机电、建筑、装修、家具等行业，可在物件上开孔或洞穿物体，如图 1-14 所示。

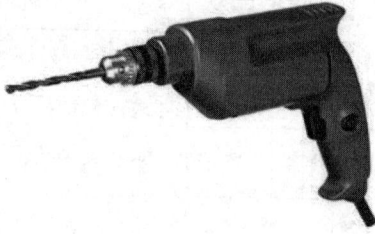

图 1-14　手电钻

手电钻的安全操作规程如下：

(1) 手电钻外壳必须采取接地保护(接零)措施。

(2) 使用前检查电源线，确保其无破损。

(3) 接通开关后空转，在运行正常后方可工作。

(4) 操作时需双手紧握电钻，应掌握正确操作姿势，不可超负荷工作。

(5) 使用中发现手电钻漏电、震动、高热或者有异响时，应立即停止工作并报修。

(6) 不同品牌和型号的手电钻各有不同，务必按说明书操作。

3. 砂轮切割机

砂轮切割机又叫砂轮锯，是一种可对金属等材料进行切割的常用电动工具，如图 1-15 所示。砂轮切割机特别适合锯切各种异型金属铝、铝合金、铜、铜合金、非金属塑胶及碳纤等材料，也可对金属方扁管、方扁钢、工字钢、槽型钢、碳素钢、圆管等材料进行切割。

图 1-15　砂轮切割机

砂轮切割机的安全操作规程如下：

(1) 操作者必须熟悉设备的性能，遵守安全操作规程。

(2) 电源线路必须安全可靠，设备性能完好。

(3) 操作者应穿好工作服，戴好防护眼镜，严禁戴手套及不扣袖扣操作。

(4) 工件必须夹持牢靠，严禁工件装夹不紧就开始切割。

(5) 严禁在砂轮平面上修磨工件的毛刺，或使用已有残缺的砂轮片。

(6) 操作者必须偏离砂轮片正面，切割时防止火星四溅，并远离易燃易爆物品。

(7) 设备出现抖动及其他故障，应立即停机修理。

(8) 使用完毕，及时切断电源，清扫现场，以防止粉尘污染。

项目二　测量——角度样板

[项目图样]

本项目角度样板测量图纸如图 2-1 所示。

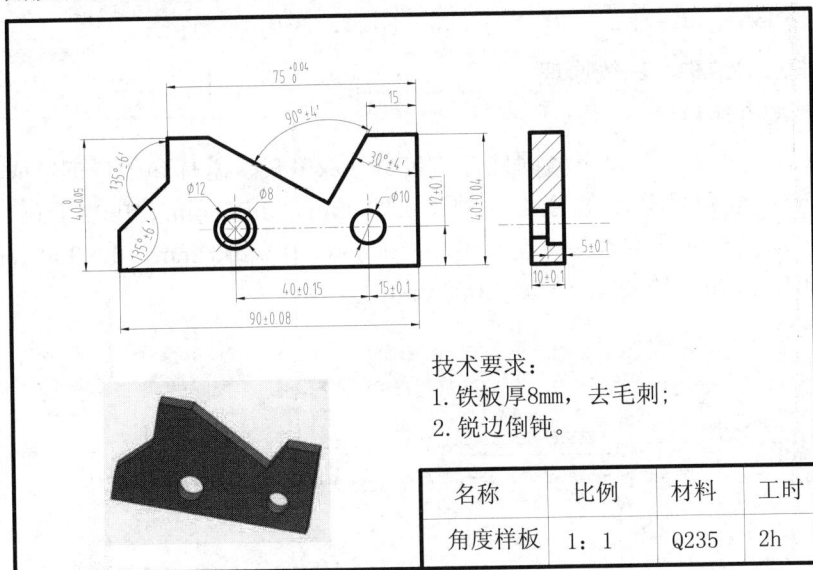

技术要求:
1. 铁板厚8mm,去毛刺;
2. 锐边倒钝。

名称	比例	材料	工时
角度样板	1:1	Q235	2h

图 2-1　角度样板测量图纸

[项目简介]

　　样板件是机械加工中较常见的一种零件,零件上主要由较精确的尺寸和角度要求组成,常被用来检验其他零件的尺寸、角度等。其测量方便、准确,在机械生产和相关专业实训中被广泛使用。因此,样板零件的尺寸和角度是否合格,直接影响被测零件的精度。

　　本项目要求学生主要了解常用游标卡尺、千分尺、万能角度尺的结构原理,掌握用游标卡尺、千分尺测量尺寸和用万能角度尺测量角度的方法,熟练检测样板件上尺寸和角度是否符合图纸要求,并准确判断其是否合格。

[项目准备]

　　(1) 准备图纸并编写好零件检测项目评价表。

　　(2) 工量刃具及其他准备:平台、游标卡尺、千分尺、万能角度尺、无纺布、防锈剂等。

　　(3) 实训准备:

　　① 领用量具,将工量具摆放整齐;实训结束时按工量具清单清点工量具,并交指导

教师验收。

　　② 熟悉实训要求。复习有关理论知识，详细阅读本书相关内容，在实训过程中认真掌握实训要求的重点及难点内容。

[知识储备]

一、游标卡尺的识读

　　利用游标卡尺和主尺相互配合进行测量和读数的量具，称为游标量具。它结构简单，使用方便，维护保养容易，在机械加工中应用广泛。游标卡尺是一种通用量具，能直接测量零件的外径、内径、长度、宽度和孔距等，应用范围广泛。

1. 游标卡尺的结构、刻线原理

1) 游标卡尺的结构

　　游标卡尺由内量爪、尺框、紧固螺钉、尺身、深度尺、游标和外量爪组成，如图 2-2 所示。游标卡尺按测量分度值分为三种：0.10 mm、0.05 mm、0.02 mm，常用的为 0.02 mm。游标卡尺的测量范围一般为 0～150 mm、0～200 mm、0～300 mm、0～500 mm、0～1000 mm、0～2000 mm、0～3000 mm。

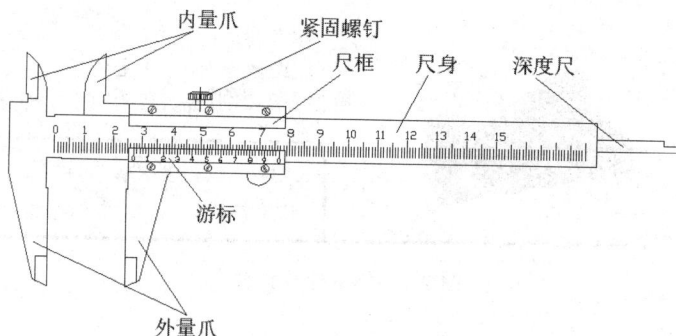

图 2-2　游标卡尺的结构

2) 游标卡尺的刻线原理

　　游标卡尺的分度值为 0.02 mm，其读数部分由尺身和游标组成。尺身每小格为 1 mm，游标刻线总长为 49 mm，共等分为 50 格，每格为 49/50 = 0.98 mm，所以尺身和游标的一格之差为 1 − 0.98 = 0.02 mm。因此，它的读数值为 0.02 mm(即游标卡尺的分度值)。游标卡尺的刻线原理如图 2-3 所示。

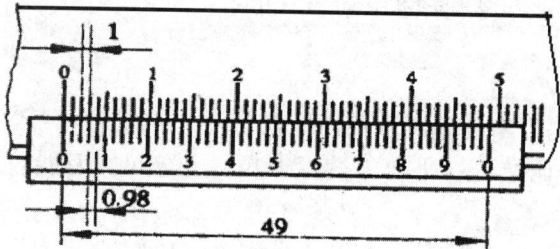

图 2-3　游标卡尺的刻线原理

3) 读数方法

第一步，读整数。从尺身上读出位于游标零线左边最接近整数的值。游标卡尺的读数方法如图 2-4 所示，游标的零线落在尺身的 13～14 mm 之间，因而整数部分的读数值为 13 mm。

第二步，读小数。看准游标上与主尺刻线对齐的刻线，按每格 0.02 mm 读出小数值。图 2-4 中，游标的第 12 格刻线与尺身的一条刻线对齐，因而小数部分的读数值为 0.02 × 12 = 0.24 mm。

第三步，求和。将以上整数和小数相加，即为被测尺寸。将以上整数部分与小数部分的读数值相加，求出被测尺寸为 13.24 mm。

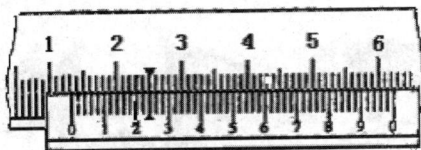

图 2-4　游标卡尺的读数方法

2. 游标卡尺的使用方法

(1) 用游标卡尺测量尺寸前，应擦净量爪两测量面，将两测量面接触贴合，校对零位，并用透光法检测两测量面的密合性，如图 2-5 所示。检测结果应密不透光，否则，应进行调整或修理。

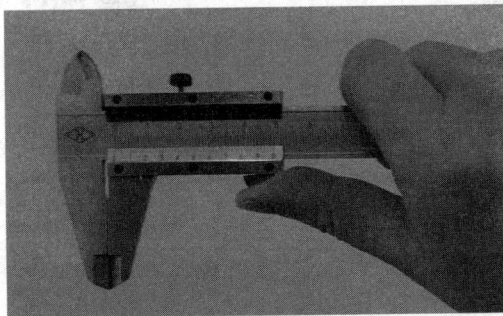

图 2-5　游标卡尺校准零位

(2) 测量时，首先应将两量爪张开到略大于被测尺寸，将固定量爪的测量面贴住工件，然后轻轻移动尺框，使活动量爪的测量面也靠紧工件，保持合适的测量力，并使卡尺测量面的连线垂直于被测量面，最后读出所测数值。如图 2-6(a)所示为游标卡尺的正确测量方法，应避免出现如图 2-6(b)所示的错误测量方法。用游标卡尺测量不同形式尺寸的方法，如图 2-7 所示。

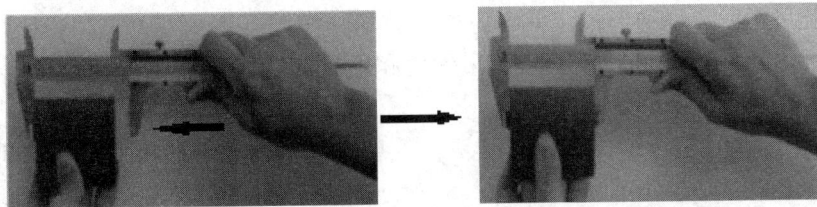

(a) 正确测量方法

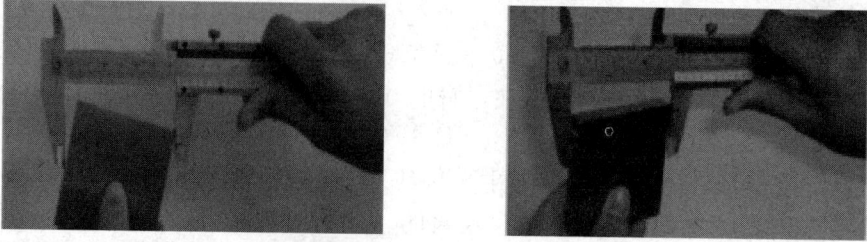

(b) 错误测量方法

图 2-6　游标卡尺的测量方法

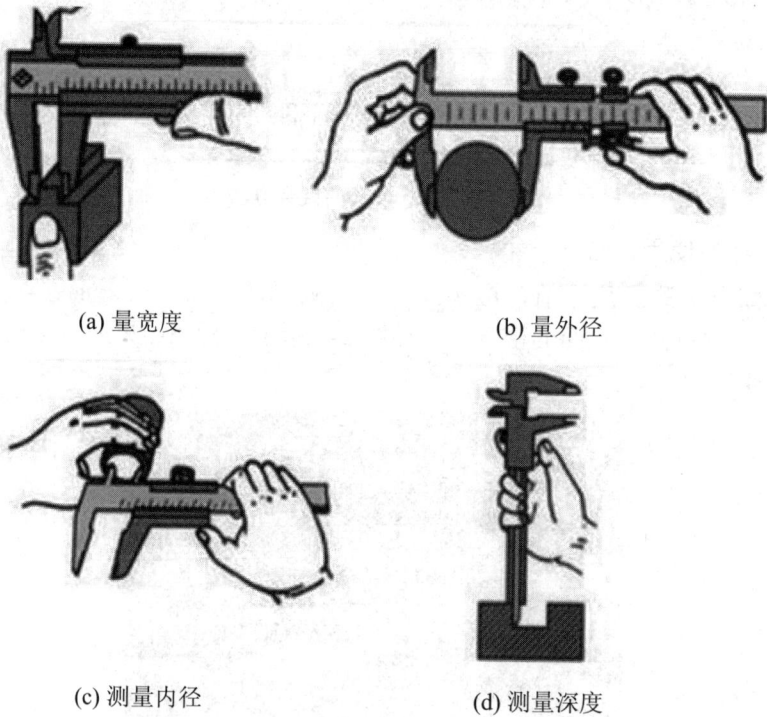

(a) 量宽度　　　　　　　　　　(b) 量外径

(c) 测量内径　　　　　　(d) 测量深度

图 2-7　游标卡尺测量不同形式尺寸的方法

3. 游标卡尺使用的注意事项

(1) 游标卡尺使用前，内量爪、外量爪和深度尺各测量面须擦干净。

(2) 测量结束后，要将游标卡尺放平，否则尺身易产生弯曲变形，特别应注意大尺寸的游标卡尺。

(3) 测量好尺寸后，要将量爪合拢，否则较细的深度尺露在外面，易变形或折断。

(4) 使用完毕后要清洁卡尺，并上好油，放入盒内。

(5) 游标卡尺应定期进行校验，经常使用和小量程(300 mm)游标卡尺按规定必须半年校验一次。

二、外径千分尺的识读

应用螺旋为测微原理制成的量具，称为螺旋测微量具。它的测量精度比游标卡尺高，并且测量比较灵活，因此多用于加工精度要求较高的工件。常用的螺旋读数量具为外径千分尺，其常用于测量或检验零件的外径，凸肩厚度以及板厚或壁厚等外形尺寸。

1. 外径千分尺的结构、刻线原理及读数方法

1) 外径千分尺的结构

外径千分尺的结构如图 2-8 所示。它主要由尺架、砧座、测微螺杆、固定套筒、微分筒、测力装置、隔热片、锁紧装置等组成。

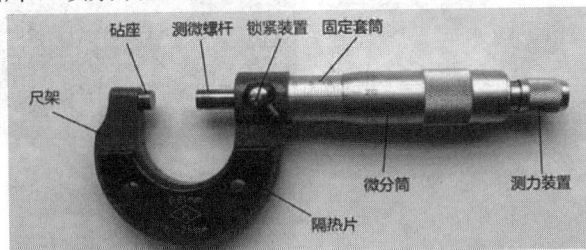

图 2-8　外径千分尺的结构

2) 外径千分尺的刻线原理

千分尺应用螺旋副的传动原理，将角位移转变为直线位移。测微螺杆的螺距为 0.5 mm，微分筒圆锥面上一圈的刻度是 50 格。微分筒每旋转一周，带动测微螺杆移动一个螺距，即 0.5 mm。若微分筒移动 1 格，则带动测微螺丝杆沿着轴线方向移动 0.01 mm，即千分尺的分度值为 0.01 mm。

常用外径千分尺的测量范围有 0～25 mm、25～50 mm、50～75 mm，以至几米以上，测微螺杆的测量位移一般均为 25 mm。

3) 外径千分尺的读数方法

第一步，观察微分筒边缘左边固定套筒上距微分筒边缘最近的刻线所在的位置，从固定标尺上读出整毫米，如图 2-9(a)所示为 8 mm。如果半毫米刻度线显出，则要再读出半毫米数，如图 2-9(b)所示为 8 + 0.5 = 8.5 mm。

第二步，以固定套筒上的中线为读数准线，观察微分筒与固定套筒上中线对齐的刻线数，读出 0.5 mm 以下的小数值，如图 2-9(a)所示为 27 × 0.01 = 0.27 mm。

第三步，将以上两部分相加即为测量值。图 2-9(a)中读数为 8 + 0.27 = 8.27 mm；图 2-9(b)中读数为 8 + 0.5 + 0.27 = 8.77 mm。

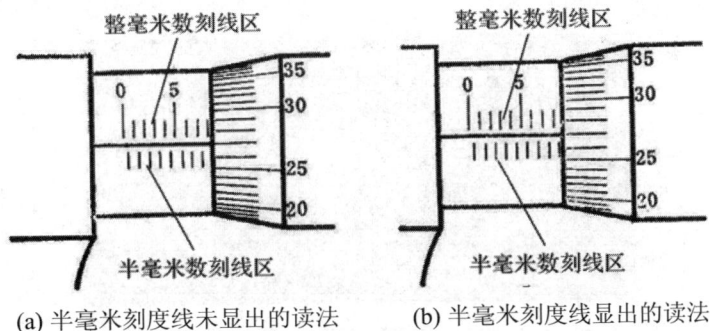

(a) 半毫米刻度线未显出的读法　　(b) 半毫米刻度线显出的读法

图 2-9　外径千分尺的读数方法

2. 外径千分尺的使用方法

1) 校对"0"位

测量范围 0～25 mm 的千分尺直接校对；测量范围大于 25 mm 的千分尺用标准样柱或量块校对，如图 2-10 所示。

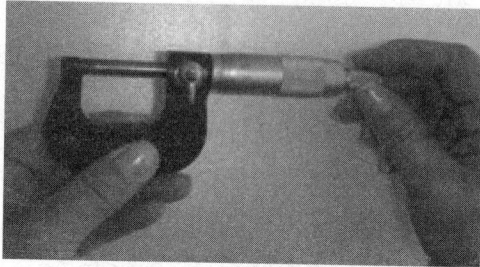 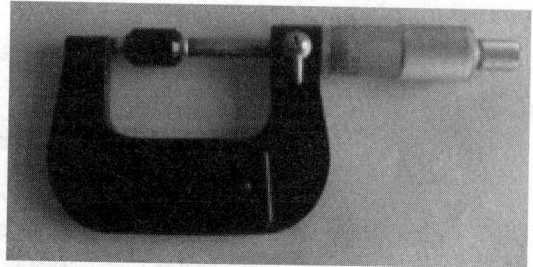

(a) 0～25 mm 外径千分尺校对"0"位　　　(b) 大于 25 mm 外径千分尺校对"0"位

图 2-10　外径千分尺校对"0"位

在直接校对时，操作者应先擦净两个测量面，旋转微分套筒，在两个测量面即将接触时轻转测力装置，当听到发出"哒哒哒"声，停止转动测力装置，微分套筒上"0"线与固定套筒基线重合，如图 2-11(a)所示，微分套筒端面与固定套筒"0"线相切，如图 2-11(b)所示，此时"0"位正确。

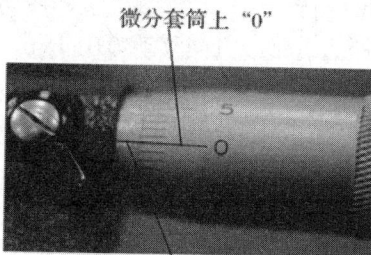 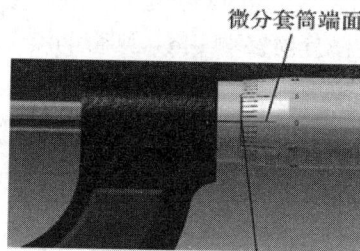

(a)"0"线与基线重合　　　(b) 端面"0"线相切

图 2-11　外径千分尺校准"0"位

2) 调整"0"位

当"0"位不准时，操作者可用专用小扳手插入固定套筒的调整孔内(固定套筒"0"线的背面)，扳动固定套筒转过一定角度，使微分套筒上"0"线与固定套筒基线对准，如图 2-12 所示。

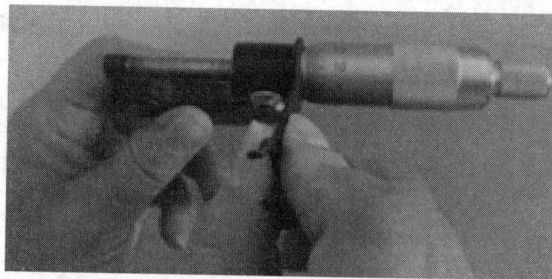

图 2-12　调整"0"位

3) 测量方法

外径千分尺测量时可用单手或双手操作，其具体方法如图 2-13 所示。双手测量如图 2-13(a)所示，先旋转微分筒，当测量面快接触工件被测面时，再旋转测力装置，以控制好一定的测量力，当听到 3～5 声"哒哒哒"的响声后读出数值。单手测量如图 2-13(b)所示，只能旋转微分筒，靠手感来控制测量力，不建议初学者用这种方法。

 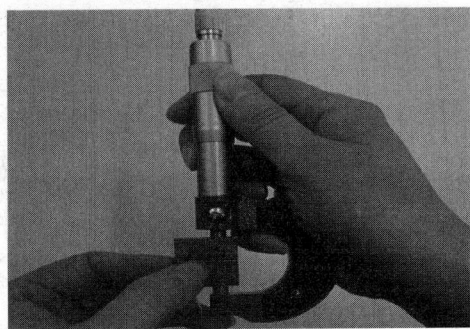

(a) 双手测量　　　　　　　　　　　　(b) 单手测量

图 2-13　测量方法

3. 外径千分尺的维护保养

(1) 使用前，操作者应先将两个测量面擦干净，然后转动棘轮，使两个测量面轻轻地接触，检查两测量面间是否有间隙(透光)，以确定两测量面是否平行，否则必须送交专门检验部门进行检修和调整。

(2) 不允许把千分尺拿在手中任意挥动或摇转，这样会使精密的测微螺杆受到损伤。

(3) 不能用千分尺测量正在旋转的工件或带有磁性的工件。

(4) 使用千分尺过程中，操作者应轻拿轻放。

(5) 使用完毕后，操作者要在测量面上涂防锈油，并放入专用盒内。

三、万能角度尺

1. 万能角度尺的用途及结构

万能角度尺是用来测量工件内外角度的量具。它按游标的测量精度分为 2′ 和 5′ 两种，其测量范围为 0º ～320º，钳工常用的是测量精度为 2′ 的万能角度尺。它主要由主尺、基尺、游标、直角尺、直尺、卡块、制动器和扇形板组成，如图 2-14 所示。

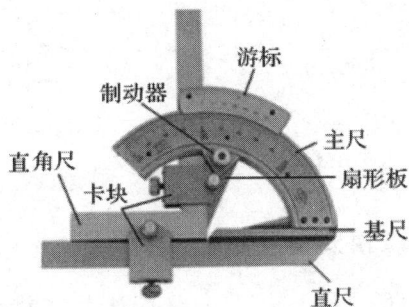

图 2-14　万能角度尺

2. 万能角度尺刻线原理与读数方法

万能角度尺主尺刻线每格 1°，副尺刻线是将主尺上 29°所占的弧长等分为 30 格，每格所对的角度为(29/30)°，因此副尺 1 格与主尺 1 格相差 2′，即万能角度尺的测量精度为 2′。

万能角度尺的读数方法和游标卡尺相似，先从主尺上读出副尺零线前的整度数，再从副尺上读出角度"分"的数值，两者相加就是被测体的角度数值。万能角度尺读数方法示例如图 2-15 所示，

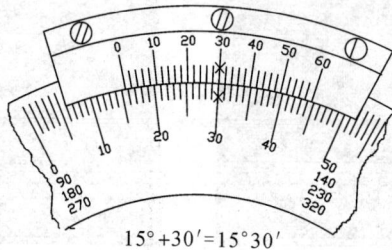

$$15° + 30′ = 15°30′$$

图 2-15　万能角度尺读数方法示例

3. 万能角度尺的测量范围

万能角度尺的测量范围如图 2-16 所示，通过直角尺和直尺的移动和拆除，测量 0～320º 的任何角度。

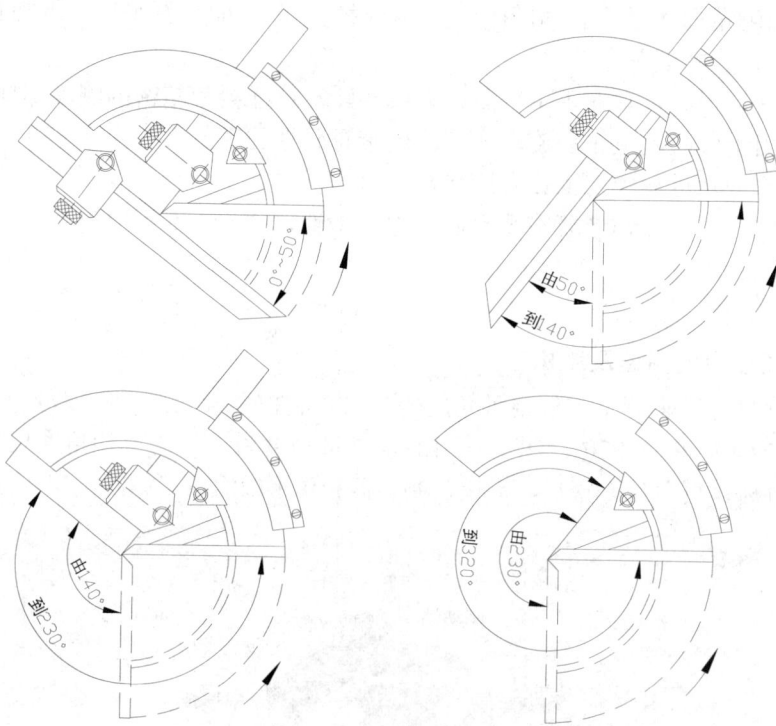

图 2-16　万能角度尺的测量范围

4. 万能角度尺的维护保养

(1) 使用前，操作者要用清洁软布将各测量面擦干净。

(2) 使用时，操作者要轻拿轻放，以防碰撞，注意保护各测量面并防止变形。

(3) 使用完毕擦净后，操作者要在测量面上涂防锈油，并放入专用盒内。

[项目实施]

任务一 游标卡尺检测样板件

游标卡尺检测样板件的方法与步骤见表2-1。

表2-1 游标卡尺检测样板件的方法与步骤

项 目		检 测 示 范	操 作 说 明
准备工作	1. 检查游标卡尺		擦净游标卡尺各测量爪，并将两个相对的量爪对齐，检验游标卡尺读数是否为"0"，若读数不为"0"时，要进行调整或修理移动游标，检查卡尺是否灵活
	2. 检查零件	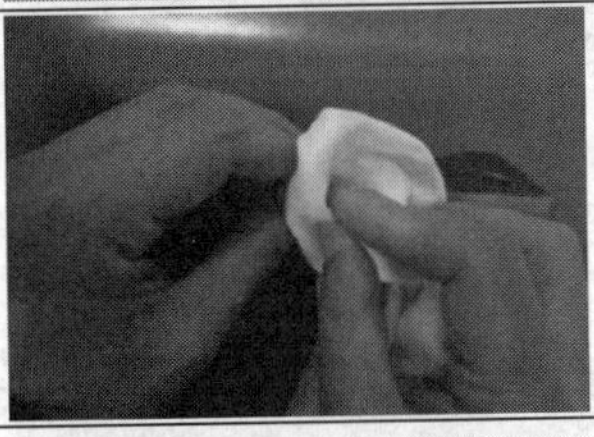	检查工件是否清洁，去除工件上的毛刺，用干净棉布擦净
检测零件	3. 测量外形尺寸	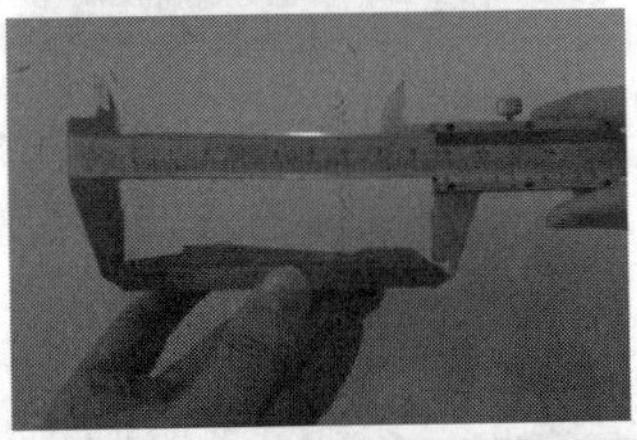	测量外形尺寸时，首先应将外量爪开口略大于被测尺寸，放入工件，以固定量爪贴住工件，然后移动尺框，使活动量爪与工件另一表面相接触，读出读数
	4. 测量内孔	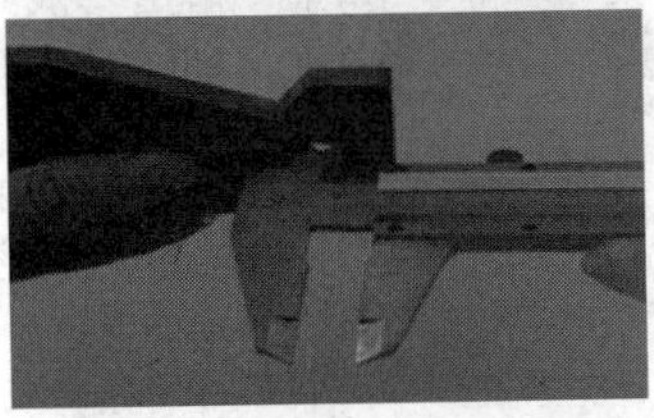	测量两孔的中心距时，先分别量出两孔的内径，然后外量爪量出两孔表面之间的最小距离 X，两孔的中心距则为 X 加上两个孔的半径之和
	5. 两孔最小距离 X	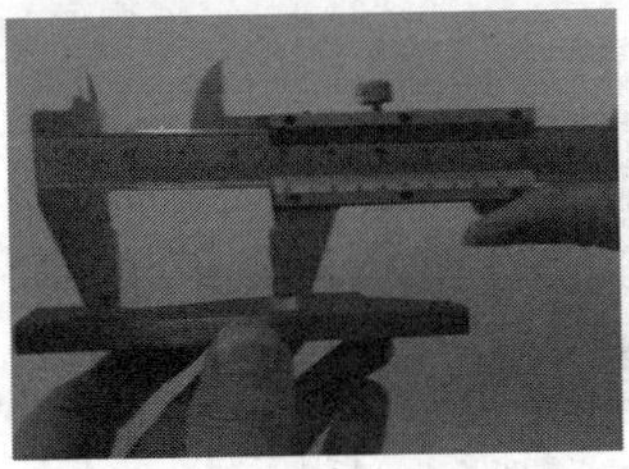	

续表

项　目	检 测 示 范	操 作 说 明
检测零件	6.两孔最大距离 Y		测量两孔的中心距时，先分别量出两孔的内径，然后用内量爪量出两孔表面之间的最大距离 Y，两孔的中心距则为 Y 减去两个孔的半径之差
	7.孔到边的距离	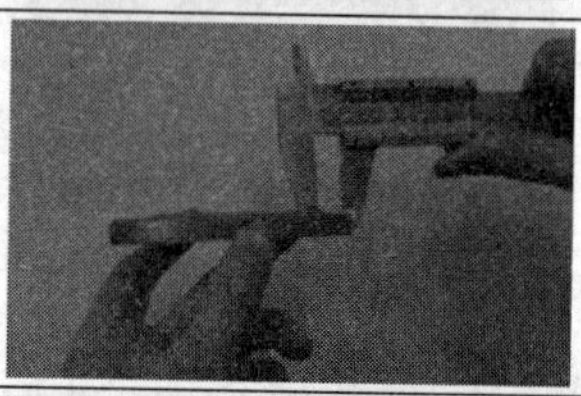	测量孔到边的距离时，先分别量出孔的内径，然后用外量爪量出孔壁到边之间的最小距离 Z，则孔到边的距离为 Z 加上孔半径
	8.测量深度		测量深度尺寸时，卡尺端面与被测工件的平面贴合，同时保持深度尺与该平面垂直
	9.注意事项	测量分析结束后，用干净棉布擦净游标卡尺，上好防锈油并放入盒内，放在指定的位置	

任务二　千分尺检测样板件

千分尺检测样板件的方法与步骤见表 2-2。

表 2-2　千分尺检测样板件的方法与步骤

项　目	检 测 示 范	操 作 说 明
准备工作	1.检查千分尺	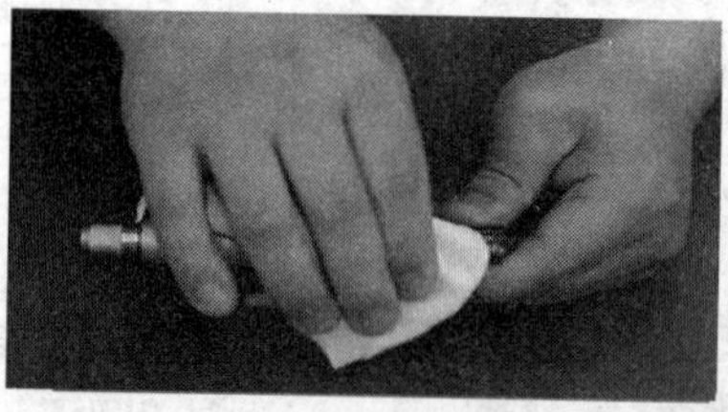	用棉布擦净千分尺测量面，检查是否运动正常，旋转测力装置时，要求其能轻快而灵活地带动微分套筒旋转，测微螺杆移动要平稳，无卡住现象；微分筒与固定套筒之间无摩擦，锁紧微螺杆后棘轮能发出"哒哒"声
	2.校准零位	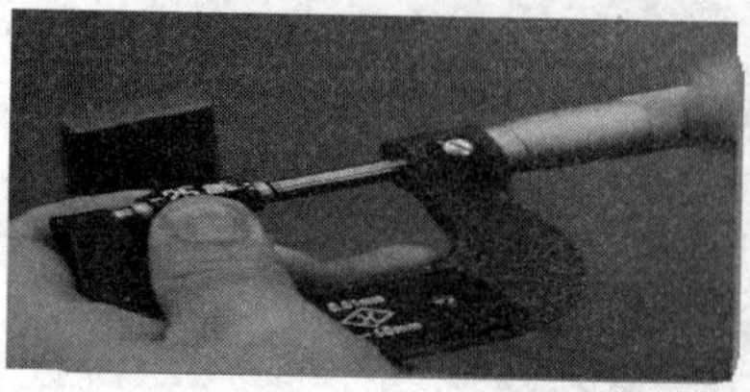	校对千分尺"0"位，若"0"位不准，进行调整

项 目		检 测 示 范	操 作 说 明
准备工作			若不在"0"位，可松开紧定螺钉，用专用扳手转动固定套筒
检测零件	3.检查零件	检查工件是否清洁，去除工件上毛刺，用干净棉布擦净	
	4.松开锁紧装置		测量时，左手持尺架，松开锁紧装置
	5.接触被测零件表面		右手转动微分筒，使测微螺杆与固定测砧间距稍大于被测零件，然后放入被测零件，随之将固定测砧与零件接触，旋转微分筒，使测砧端面与零件表面接近
	6.旋转棘轮		快靠近被测零件时，应停止旋转微分筒，而改用棘轮，直到棘轮发出 2～3 次的"哒哒"声为止
	7.读数取下千分尺		旋紧锁紧装置，进行读数，测量结束后，松开锁紧装置，反方向旋转微分筒，取下千分尺
	8.注意事项	千分尺测量轴的中心线应与被测尺寸长度方向一致，不能歪斜	

任务三　万能角度尺检测角度样板件

万能角度尺检测角度样板件的方法与步骤见表 2-3。

表 2-3　万能角度尺检测角度样板件的方法与步骤

	项　目	检　测　示　范	操　作　说　明
准备工作	1.检查万能角度尺		用干净棉布擦净万能角度尺，再检查各零部件是否移动平稳，连接可靠，止动后的读数是否稳定
	2.校对角尺		校对"0"位，将万能角度尺组装，使直尺测量面与基尺紧密贴合，然后看游标上的"0"线与主尺上"0"线的对齐情况，若没有对齐表示万能角度尺有误差，则需进行调整或修整
	3.检查零件	去除工件上毛刺，并用干净棉布将工件擦净	
	4.测量30°		按被测角度所在范围将基尺、直尺和角尺进行组合并调至被测角度。松开制动器，将基尺紧紧贴合被测角度的基准面，直尺与被测表面贴合，目测无间隙，然后锁紧制动器，读出角度值，记录数据
检测零件	5.测量135°		组合：基尺、直尺
	6.测量135°		组合：基尺、角尺 实际测量角度为225°
	7.测量90°		组合：基尺、扇形板 实际测量角度为270°
	8.注意事项	测量完毕后，用棉布擦净万能角度尺，涂上防锈油放入盒内，放在指定的位置	

[项目评价]

项目完成后需认真填写项目评价表，进行项目总结。角度样板件检测项目评价表见表 2-4。

表 2-4　角度样板件检测项目评价表

班级：＿＿＿＿＿　姓名：＿＿＿＿＿　学号：＿＿＿＿＿　成绩：＿＿＿＿＿

序号	技术要求	配分	评分标准	自检记录	交检记录	得分
1	90±0.08(游标卡尺)	8	超差全扣			
2	10±0.1(游标卡尺)	6	超差全扣			
3	40±0.15(游标卡尺)	6	超差全扣			
4	15±0.1(游标卡尺)	6	超差全扣			
5	12±0.1(游标卡尺)	6	超差全扣			
6	5±0.1(游标卡尺)	6	超差全扣			
7	40±0.04(千分尺)	8	超差全扣			
8	$75^{+0.04}_{0}$ (千分尺)	6	超差全扣			
9	$50^{0}_{-0.05}$ (千分尺)	6	超差全扣			
10	30°±4′(角度尺)	8	超差全扣			
11	90°±4′(角度尺)	6	超差全扣			
12	135°±6′(角度尺)	7	超差全扣			
13	135°±5′(角度尺)	6	超差全扣			
14	操作工艺规范	5	不合理酌情扣分			
15	团队意识	5	不密切酌情扣分			
16	安全文明生产	5	不规范酌情扣分			
	合　计	100	—	—	—	—

[知识拓展]

其他量具

从目测到简单测量，再到精密测量，测量技术的进步在一定程度上保障了制造技术的进步，精密加工制造不仅需要机床的精度、稳定性以及刀具、夹具的精度来保证，同样需要精密量具量仪来校准和测量。

一、带表游标卡尺

带表游标卡尺运用齿条传动齿轮带动指针显示数值，主尺上有大致的刻度，结合指示表读数，比游标卡尺读数更为快捷准确。带表游标卡尺由刀口内量爪、外量爪、尺框、紧固螺钉、毫米读数部位、测微表、尺身、主标尺、深度测量杆、深度测量面组成，其结构如图 2-17 所示。

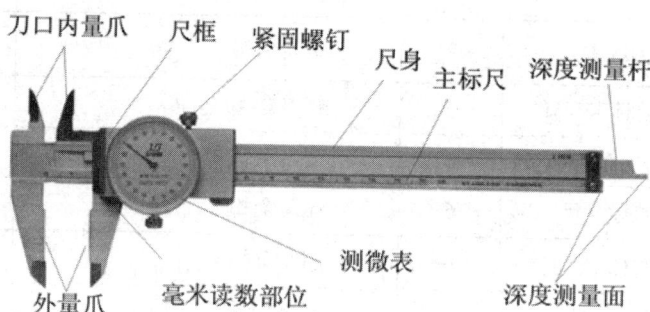

图 2-17　带表游标卡尺的结构

1. 带表游标卡尺的读数与使用方法

带表游标卡尺表盘内每一刻度的值为 0.01 mm 或 0.02 mm，表盘指针每旋转一整圈的值等于主尺上面一个刻度的值，即 1 mm。读数前，先校对"0"位(亦称"零位")，使卡尺两量爪紧密贴合，带表卡尺指针是否处于"0"位置，如不在"0"位，可拨动表圈调整至"0"位。读数时，先从尺身主刻度读取整毫米数，再看表盘指示表，读出毫米以下的小数，最后两项相加就是总的读数。

2. 使用带表游标卡尺的注意事项

(1) 保持卡尺测量面、齿条和其他传动部分的清洁、润滑。测量后应随手合上量爪，以防灰尘、切屑等物嵌入齿条。

(2) 卡尺移动测量时运动要平稳，注意防震，应避免快速移动向尾端至碰撞或跌落，若震动轻则导致指针偏移零位，重则导致内部机芯和齿轮脱离，影响示值。

(3) 不要将卡尺放在磁性物体上，发现卡尺带有磁性，应及时消磁方可使用。不得随意拆卸表盘与表针。

二、数显游标卡尺

数显游标卡尺是一种带有数字显示装置的游标卡尺，这种游标卡尺在零件表面上测量尺寸时，结果直接用数字显示出来，其使用极为方便。数显游标卡尺由刀口内量爪、外量爪、尺框、紧固螺钉、数字显示器、功能按钮、尺身、深度测量杆、深度测量面组成，其结构如图 2-18 所示。

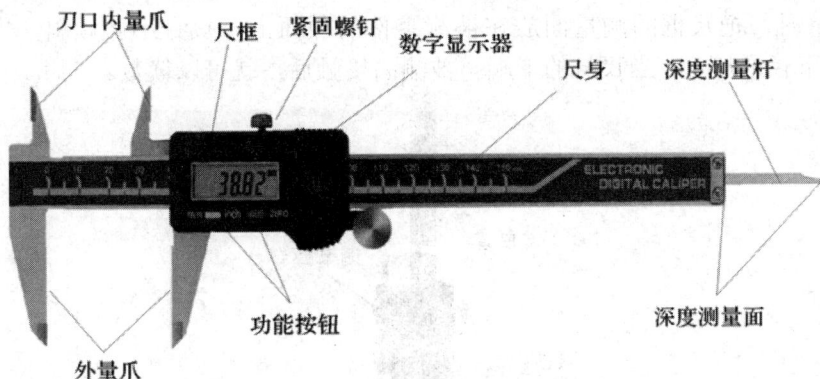

图 2-18 数显游标卡尺的结构

1. 数显游标卡尺的读数与使用方法

打开数显卡尺电源开关 ON/OFF 键，在外量爪完全闭合的状态下，按功能键 ZERO/ABS 键，屏幕显示出 0.00，表示数显卡尺已经归零，移动尺框二三次，检验归零后则可进行工件测量。测量外径尺寸时，应将两外测量面与被测表面相贴合；测量内孔尺寸时，量爪应在孔的直径方向上测量，不能歪斜；测量深度尺寸时，应使深度尺杆与被测工件底面相垂直。测量时可直接进行公制或英制数值转换。数显类卡尺读数直观、清晰，测量效率较高。

2. 使用数显游标卡尺的注意事项

(1) 使用中尽可能避免卡尺暴露在尘埃较多的地方，不可直接接触水等液体。避免阳光紫外线及高温辐射。

(2) 移动尺框应平稳，并避免跌落、碰撞。

(3) 不要将卡尺放在磁性物体上。发现卡尺带有磁性，应及时消磁。

(4) 可用汽油或酒精擦洗量面，电子元件及尺身平面应避免任何溶液接触。

(5) 侧向间隙调整：数显卡尺使用一段时间后(约 3～6 个月)，如发现侧向间隙明显增大，则需仔细调整尺框上侧边的两个孔内的调整螺钉，以消除间隙。此项工作需由专业人员细心操作，一般使用者不宜随便操作。

(6) 数显卡尺设有数据输出口(罩壳右上角)，用专用连接线可与电脑链接，进行数据处理。

(7) 更换电池：当不显示或闪显时，说明电池电压过低，应更换新电池，并按有关规定回收旧电池。

三、深度游标卡尺

深度游标卡尺用于测量阶梯孔、盲孔和凹槽的深度。精度分为 0.1 mm、0.05 mm、0.02 mm 三种。它的读数方法与游标卡尺相同。深度游标卡尺由尺身、尺框、游标、调节螺钉、紧固螺钉组成，如图 2-19 所示。

深度游标卡尺的使用要点如下：

(1) 测量前，要检查深度尺零位是否正确。

(2) 尺框的测量面比较大，应注意擦干净。

(3) 测量时，把尺框的测量面放在被测零件的顶面上，尺身不要倾斜，左手稍加压力，右手向下轻推尺身，当尺身的下端与被测面接触后，就可以读数。

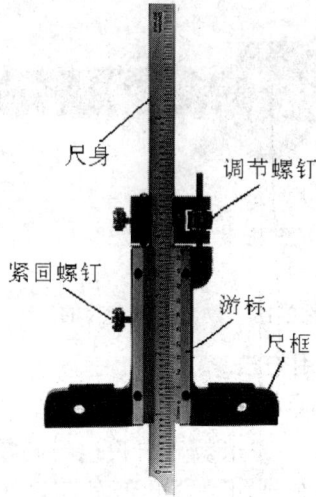

图 2-19　深度游标卡尺

四、塞尺

塞尺又叫厚薄规，如图 2-20 所示，主要用于测量间隙尺寸，单片塞尺厚度一般为 0.02 mm，0.03 mm，0.04 mm，0.05 mm，0.06 mm，0.07 mm，0.08 mm，0.09 mm，0.10 mm，0.15 mm，0.20 mm，0.25 mm，0.30 mm，0.35 mm，0.40 mm，0.45 mm，0.50 mm，0.75 mm，1.00 mm。

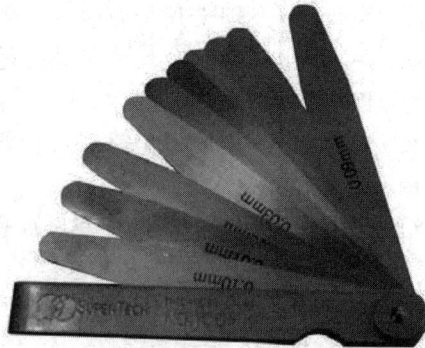

图 2-20　塞尺

根据被测间隙的大小，选择适当厚度的塞尺；为保证测量的准确性，应尽量减少塞尺数量，塞尺数量一般不超过 3 片；若超过 3 片，通常需加测量修正值。一般每增加一片加 0.01 mm 的修正值。在组合使用时，应将薄的塞尺片夹在厚的中间，以保护薄片。塞尺应塞入一定深度，手感有一定阻力又不至卡死为宜。当塞尺片上的刻度值看不清或塞尺片数较多时，可用千分尺测量塞尺厚度。塞尺用完后应擦干净，并抹上机油进行防锈保养。

项目三　角度样板划线

[项目图样]

本项目样角度板划线图纸如图 3-1 所示。

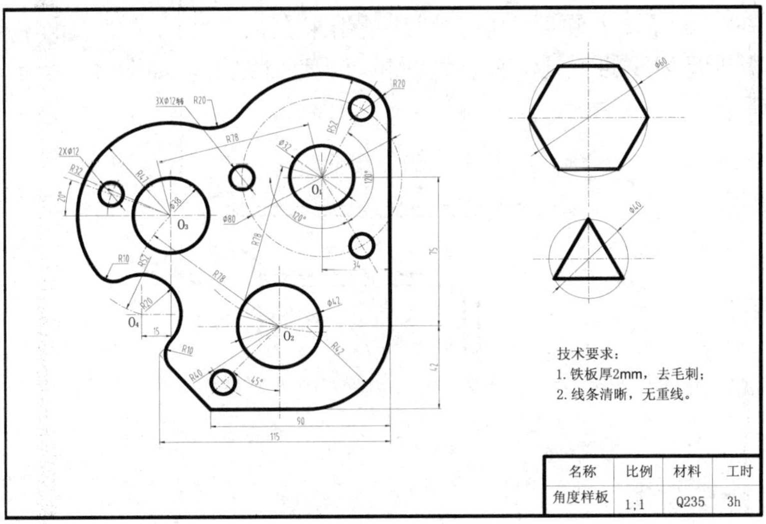

图 3-1　角度样板划线图纸

[项目简介]

　　划线是指在毛坯或工件上，用划线工具划出待加工部位的轮廓线或作为基准的点、线的操作方法，是钳工操作的基础工作。

　　划线不但能明确尺寸界线，以确定工件各加工面的加工位置和加工余量，而且能及时发现和处理不合格的毛坯，避免加工后造成的损失。

　　平面划线只需在工件的一个平面上划线，便能明确表示出加工界线。在划线加工中，要求划出的线条清晰均匀，最重要的是尺寸必须准确。因而要划好如图 3-1 所示的各种尺寸，必须较好地掌握正确使用各种划线工具的方法，以及划线的基本方法。

[项目准备]

　　(1) 材料准备：面积为 250 mm × 150 mm，厚度为 2 mm 的板料。

　　(2) 工具准备：划针、划针盘、划规、样冲、划线平板、锤子。

　　(3) 量具准备：钢板尺、高度划线尺、万能角度尺、90 度角尺。

　　(4) 实训准备如下：

　　① 领用工具，了解工具的使用方法及使用要求，将工具摆放整齐；实训结束时按工

具清单清点工具，并交指导教师验收。

　　② 熟悉实训要求。复习有关理论知识，详细阅读本书相关内容，在实训过程中认真掌握实训要求的重点及难点内容。

[知识储备]

一、平面划线的常用工具及划线涂料

1. 划线的常用工具

　　(1) 划针。划针是用来在工件上划线条的，一般由 4～6 mm 弹簧钢丝或高速钢制成，尖端淬硬，或在尖端焊接上硬质合金。划针是用来在被划线的工件表面沿着钢板尺、直尺、角尺或样板进行划线的工具，有直划针和弯头划针之分，如图 3-2 所示。划针的使用方法如图 3-3 所示。

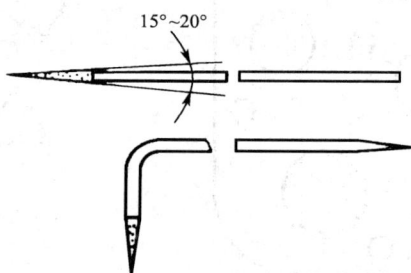

图 3-2　划针

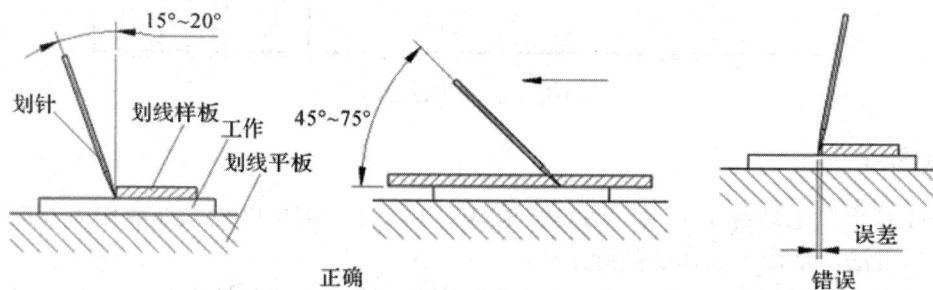

图 3-3　划针的使用方法

　　(2) 钢板尺。钢板尺是一种简单的尺寸量具，在尺面上刻有尺寸刻线，最小刻线距离为 0.5 mm，它的长度规格有 150 mm，300 mm，500 mm，1000 mm 等。钢板尺主要用来量取尺寸、测量工件，也可以作为划直线的导向工具，钢板尺的使用如图 3-4(a)、图 3-4(b) 和图 3-4(c) 所示。

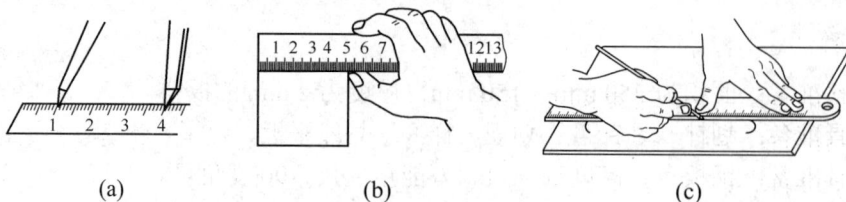

(a)　　　　　　　　　　(b)　　　　　　　　　　(c)

图 3-4　钢板尺的使用

(3) 划线平板。划线平板(又称划线平台)是由铸铁精刨刮削制成的，是划线的基准平面，如图 3-5 所示。因此，要保证平板的精度，放置时工作表面应处于水平状态，严禁敲打，用完后擦拭干净，并在表面涂上机油，以防生锈。

(4) 划线盘。划线盘是直接划线或找正工件位置的工具。一般情况下，划针的直头用来划线，弯头用来找正工件，如图 3-6 所示。用划线盘划线时，划针伸出夹紧装置以外不宜太长，并要夹紧牢固，防止松动且应尽量接近水平位置夹紧划针；划线盘底面与平板接触面均应保持清洁；拖动划线盘时应紧贴平板工作面，不能摆动、跳动；划线时，划针与工件划线表面的划线方向保持 40°～60° 的夹角。

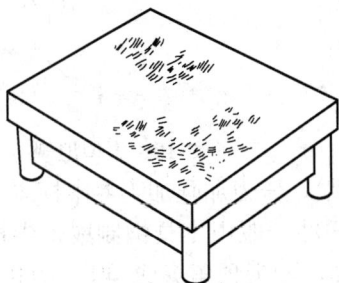

图 3-5　划线平板

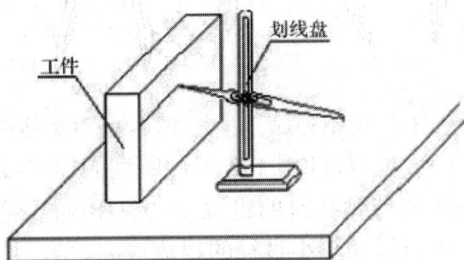

图 3-6　划线盘的使用

(5) 高度游标卡尺。高度游标卡尺(又称划线高度尺)由尺身、游标、装有硬质合金的划线脚和底盘组成，能直接表示出高度尺寸，其读数精度一般为 0.02 mm，作为精密划线工具使用，同时还可以测量平面及检查垂直度，如图 3-7 所示。高度游标卡尺作为精密划线工具，不得用于粗糙毛坯表面的划线；游标卡尺用完以后应擦拭干净，涂油装盒保存。

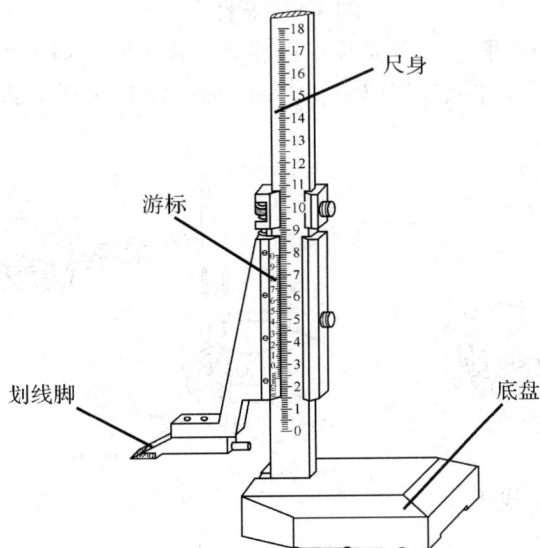

图 3-7　高度游标卡尺

(6) 划规。划规是用来划圆、划圆弧、等分线段、等分角度及量取尺寸的工具，钳工常用的划规有普通划规(如图 3-8 所示)和弹簧划规(如图 3-9 所示)，还有一种叫大型地规(如图 3-10 所示)，它是专门用来划大圆、圆弧的，在滑杆上移动划规的针尖，就可以得到所需的尺寸。

划规划圆时，在作为旋转中心的一脚应施加较大的压力，而施加较轻的压力于另一脚在工件表面划线；划规两脚的长短应磨得稍有不同，且两脚合拢时脚尖应能靠紧，这样才能划出较小的圆；为保证划出的线条清晰，划规的脚尖应保持尖锐。

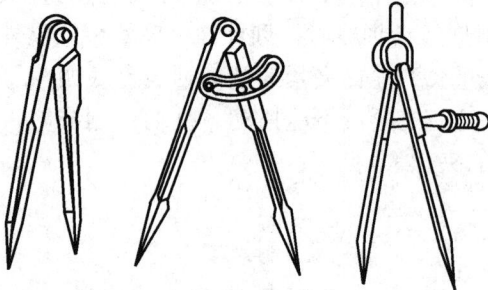

锁紧螺钉　滑杆

针尖

针尖

图 3-8　普通划规　　　　图 3-9　弹簧划规　　　　　　　图 3-10　大型地规

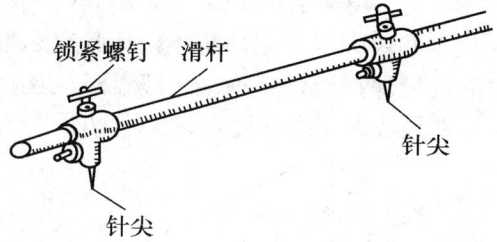

(7) 样冲。样冲用于在工件所划的加工线条上打样冲眼，作为加强加工界限标志，还用于圆弧中心或钻孔时的定位中心打眼(称中心样冲眼)。样冲一般由工具钢制成，尖梢部位淬硬，也可以由较小直径的报废铰刀、多刃铣刀改制而成，冲尖顶角磨成 40°～60°，如图 3-11 所示。

60°

图 3-11　样冲

样冲的使用如图 3-12 所示，要先找正再冲点，找正时将样冲外倾，使尖端对准线的正中，然后再将样冲直立，冲点时先轻打一个印痕，检查无误后再重打冲点，以保证冲眼在线的正当中。

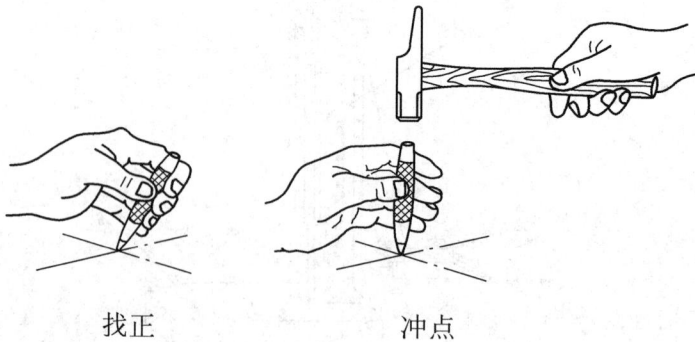

找正　　　　　　　　　冲点

图 3-12　样冲的使用

样冲的使用要注意以下几点：

① 在冲眼距离上，直线上的冲眼距离可大些，但在短直线上至少要有三个冲眼。

② 在曲线上冲眼点距离要小些，直径小于 20 mm 圆周上应有 4 个冲眼，而直径大于 20 mm 的圆周线上应有 8 个冲眼。在线条的相交处和拐角处必须打上冲眼，如图 3-13 所示。

③ 粗糙毛坯表面冲眼应深些，光滑表面或薄壁工件冲眼应浅些，而精加工表面绝不

可以打冲眼。

④ 样冲用钝后，由钳工进行刃磨，刃磨时要蘸冷却液或水冷却，防止过热退火。

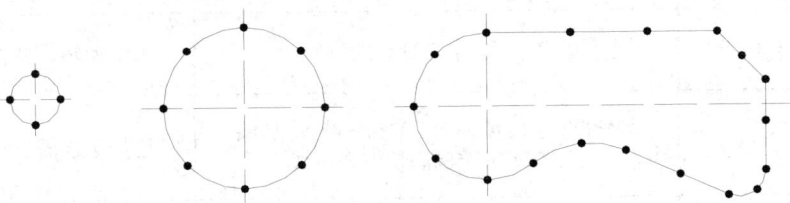

图 3-13 冲眼的要点

(8) 90°角尺。90°角尺在划线时用作划垂直线或平行线的导向工具，也可用来找正工件表面在划线平板上的垂直位置。90°角尺及其使用如图 3-14(a)、图 3-14(b)和图 3-14(c)所示。

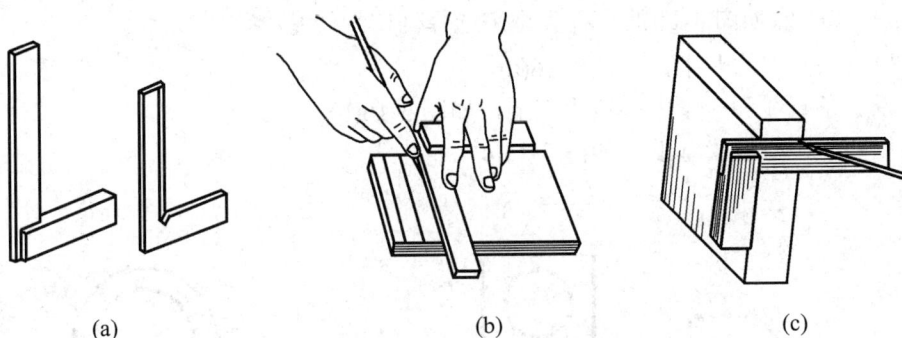

(a)　　　　　　　　　(b)　　　　　　　　　(c)

图 3-14 90°角尺及其使用

(9) 万能角度尺。万能角度尺除能测量角度、锥度之外，在划线时作为划线工具划角度线。万能角度尺如图 3-15 所示。

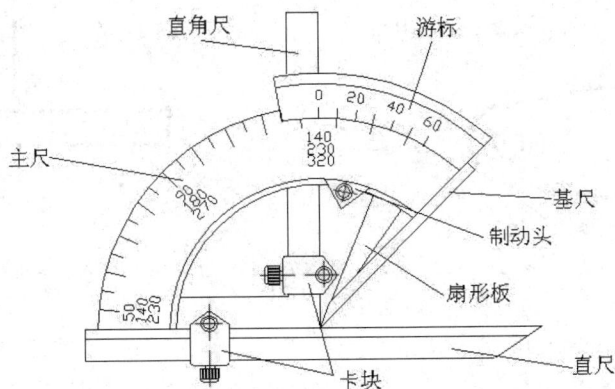

图 3-15 万能角度尺

2. 划线时的涂料

为使划出的线条清晰可见，划线前应在零件划线部位涂上一层薄而均匀的涂料，常用划线涂料的配方和应用见表 3-1。

表 3-1　常用划线涂料的配方和应用

名　称	配 制 比 例	应 用 场 合
石灰水	稀糊状石灰水加适量骨胶或桃胶	大中型铸、锻件毛坯
紫色	品紫(青莲、普鲁士兰)2%～4%，加漆片3%～5%和91%～95%酒精混合而成	已加工表面
硫酸铜溶液	100 g 水中加 1～1.5 g 硫酸铜和少许硫酸	形状复杂零件或已加工表面

二、划线基准

划线基准的选择。平面划线时，需要两个划线基准，用来确定两个方向的尺寸及位置。一般可以参照如图 3-11 的三种类型来选择确定划线基准。

(1) 以两条直线为基准，如图 3-16(a)。

(2) 以一条直线和一条中心线为基准，如图 3-16(b)。

(3) 以两条中心线为基准，如图 3-16(c)。

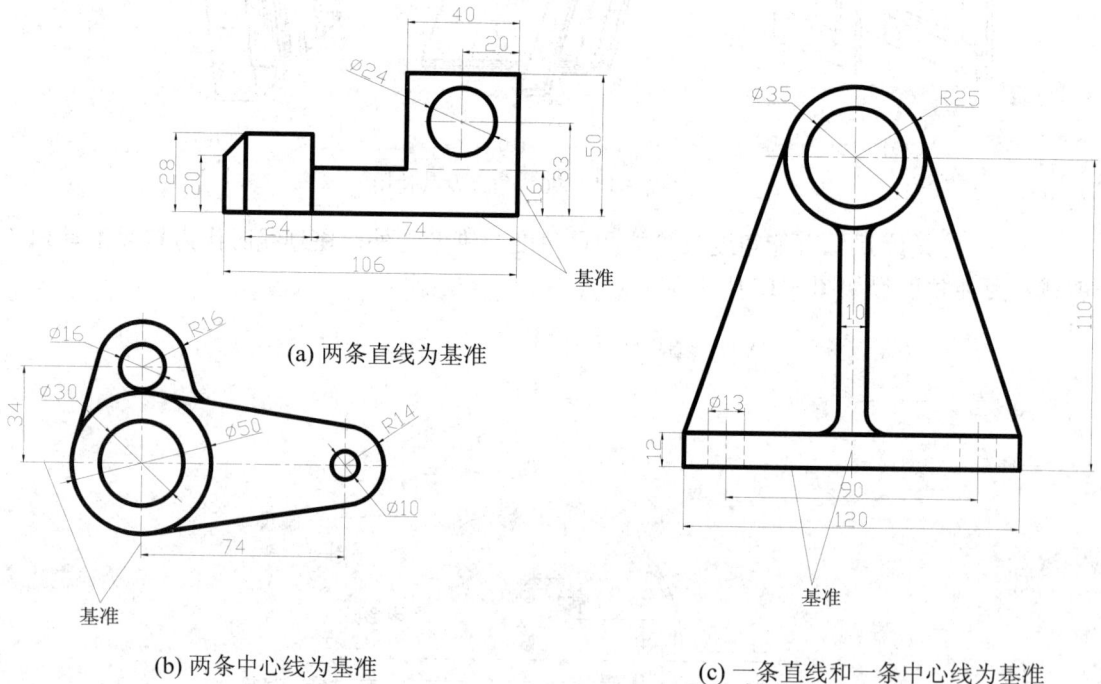

(a) 两条直线为基准

(b) 两条中心线为基准　　　　　(c) 一条直线和一条中心线为基准

图 3-16　划线基准的选择

三、圆弧切线的划线方法

圆弧切线的划线方法见表 3-2。

表 3-2　圆弧切线的划线方法

划线要求	图　示	划线方法
作与两相交直线相切的圆弧线		(1) 在两相交直线的角度内，作与两直线相距为 R 的两条平行线，交点于 O (2) 以 O 为圆心，R 为半径作圆弧
作与两圆弧线外切的圆弧线		(1) 分别以 O_1 和 O_2 为圆心，以 R_1+R 及 R_2+R 为半径作圆弧交于 O (2) 以 O 为圆心，R 为半径作圆弧
作与两圆弧线内切的圆弧线		(1) 分别以 O_1 和 O_2 为圆心，以 $R-R_1$ 及 $R-R_2$ 为半径作圆弧交于 O (2) 以 O 为圆心，R 为半径作圆弧
作与两相向圆弧相切的圆弧线		(1) 分别以 O_1 和 O_2 为圆心，以 $R-R_1$ 及 $R+R_2$ 为半径作圆弧交于 O (2) 以 O 为圆心，R 为半径作圆弧

[**项目实施**]

样板平面划线步骤见表 3-3。

表 3-3　样板平面划线步骤

划线准备	项　目	示　范	操作说明
	1. 检查薄板料，在板料上涂上品紫		涂抹均匀，不能太厚
划线	2. 利用等分圆周的方法分边划出正三角形		(1) 划十字中心线，打上样冲后，用划规划 40 mm 圆 (2) 取一点 A，作直径 AP (3) 以 P 为圆心，OA 为半径划弧，得到点 B 与点 C (4) 用划针、钢皮尺连接 AB、AC、BC，即划出内接等边正三角形
	3. 利用等分圆周的方法分边划出正六边形		(1) 划十字中心线，打上样冲后，用划规划 60 mm 圆 (2) 作直径 AD (3) 以 A、D 为圆心，OA 为半径划弧，得到交点 B、C、F、E (4) 用划针连接各点，即划出内接等边正六边形

续表

划线准备	项 目	示 范	操作说明
划 线	4. 划左边图形时，应先根据图纸要求，在板料上分别划出三个中心点，再以这三个圆心为基准，划出所有的线条		(1) 根据 42、75、34 的尺寸确定 O₁ 位置 (2) 根据 O₁ 为圆心，确定 O₂、O₃ 的圆心位置 (3) 以三个圆心为基准，正确划出其他所有的线条
检 查	5. 根据图纸要求，检查所划线条的正确性		避免重线与划错线
	6. 检查无误后打上样冲眼		仔细的复检校对，避免差错

[项目评价]

项目完成后需认真填写项目评价表，进行项目总结。样板划线项目评价表见表 3-4。

表 3-4 样板划线项目评价表

班级：_____ 姓名：_____ 学号：_____ 成绩：_____

序号	技术要求	配分	评分标准	自检记录	交检记录	得分
1	涂色薄而均匀	8	总体评定			
2	图形分布合理	12	每个图形扣 4 分			
3	线条清晰	25	每处扣 2 分			
5	尺寸公差±0.3	15	超差一处扣 3 分			
6	冲眼分布合理、正确	12	每处扣 2 分			
7	工具的正确选用及操作姿势	18	不正确每次扣 5 分			
8	团队意识	5	不密切酌情扣分			
9	安全文明生产	5	不规范酌情扣分			
	合 计	100	—	—	—	

[知识拓展]

立 体 划 线

一、立体划线的常用工具

同时在工件的几个不同表面上划出加工界线，叫做立体划线。除一般平面划线工具和前面已使用过的划线盘和划线高度尺以外，还有下列几种工具：

(1) 方箱。方箱用于夹持工件并能翻转位置而划出垂直线，一般附有夹持装置和制有 V 形槽，如图 3-17 所示。

(2) V 形铁。通常是两个 V 形铁一起使用，用来安放圆柱形工件，划出中心线找出中心等，如图 3-18 所示。

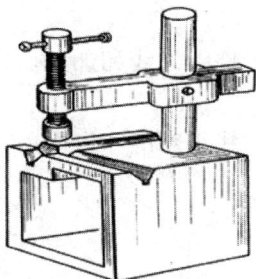

图 3-17　方箱

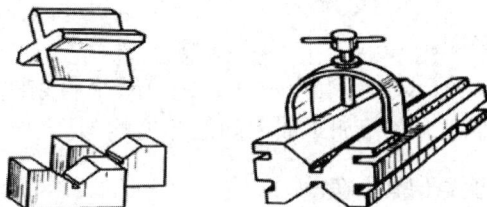

图 3-18　V 形铁

(3) 直角铁。可将工件夹在直角铁的垂直面上进行划线，可用 C 形夹头或压板装夹，如图 3-19 所示。

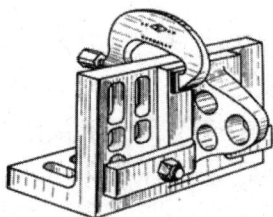

图 3-19　直角铁在划线中的应用

(4) 调节支承工具：

① 千斤顶通常是三个一组，用于支持不规则的工件，其支承高度可作一定调整，如图 3-20 所示。

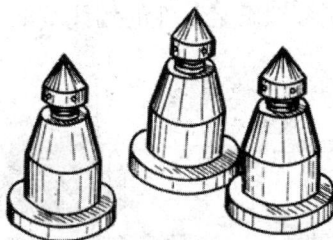

图 3-20　千斤顶

② 斜楔垫块和 V 形垫铁用于支持毛坯工件，使用方便，但只能作少量的高低调节，如图 3-21 和图 3-22 所示。

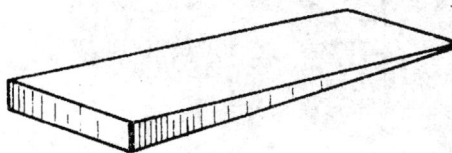

图 3-21　斜楔垫铁

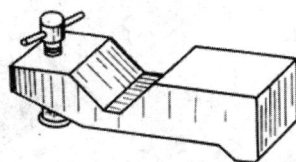

图 3-22　V 形垫铁

二、立体划线时工件的放置与找正基准的确定方法

(1) 选择工件上与加工部位有关且比较直观的面(如凸台、对称中心和非加工的自由表面等)作为找正基准，使非加工面与加工面之间厚度均匀，并使其形状误差反映在次要部位或不显著部位。

(2) 选择有装配关系的非加工部位作为找正基准，以保证工件经划线和加工后能顺利进行装配。

(3) 在多数情况下，还必须有一个与划线平台垂直或倾斜的找正基准，以保证该位置上的非加工面与加工面之间的厚度均匀。

三、划线步骤的确定

划线前，必须先确定各个划线表面的先后划线顺序及各位置的尺寸基准线。尺寸基准的选择原则如下：

(1) 应与图样所用基准(设计基准)一致，以便能直接量取划线尺寸，避免因尺寸间的换算而增加划线误差。

(2) 以精度高且加工余量少的型面作为尺寸基准，以保证主要型面的顺利加工及便于安排其他型面的加工位置。

(3) 当毛坯在尺寸、形状和位置上存在误差和缺陷时，可将所选的尺寸基准位置进行必要的调整——划线借料，使各加工面都有必要的加工余量，并使其误差和缺陷能在加工后排除。

四、坦克模型车身划线

图 3-23 所示为模型坦克的立体结构示意图，训练目标是通过车身 1 的角度面划线、车轮孔位线的划线练习，掌握利用高度划线尺、划线平板、钢皮尺、划针、样冲等工量具进行正确划线的方法，以便合理确定工件的划线基准与尺寸基准，进行立体划线。

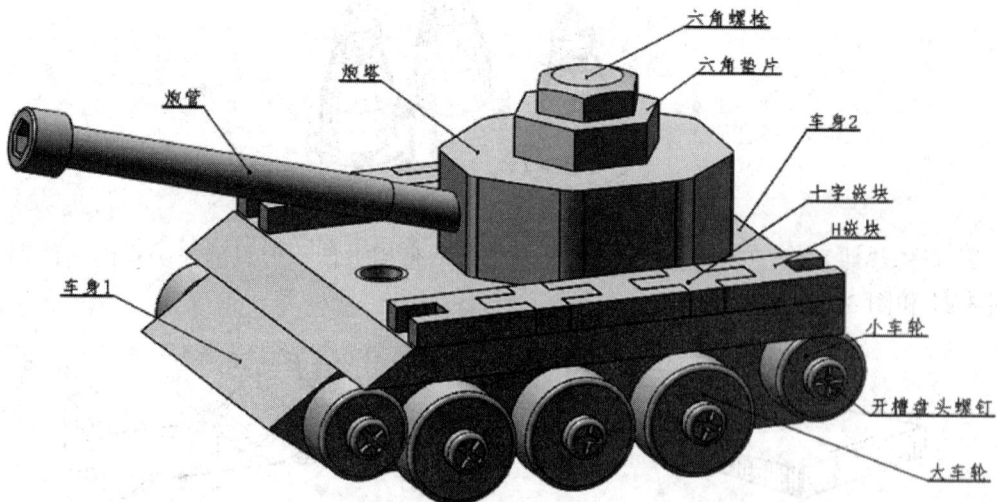

图 3-23　模型坦克立体结构示意图

模型坦克车身 1 零件图如图 3-24 所示。车身毛坯尺寸为 120 mm × 64 mm × 20 mm 的铝块或 45 钢一块。

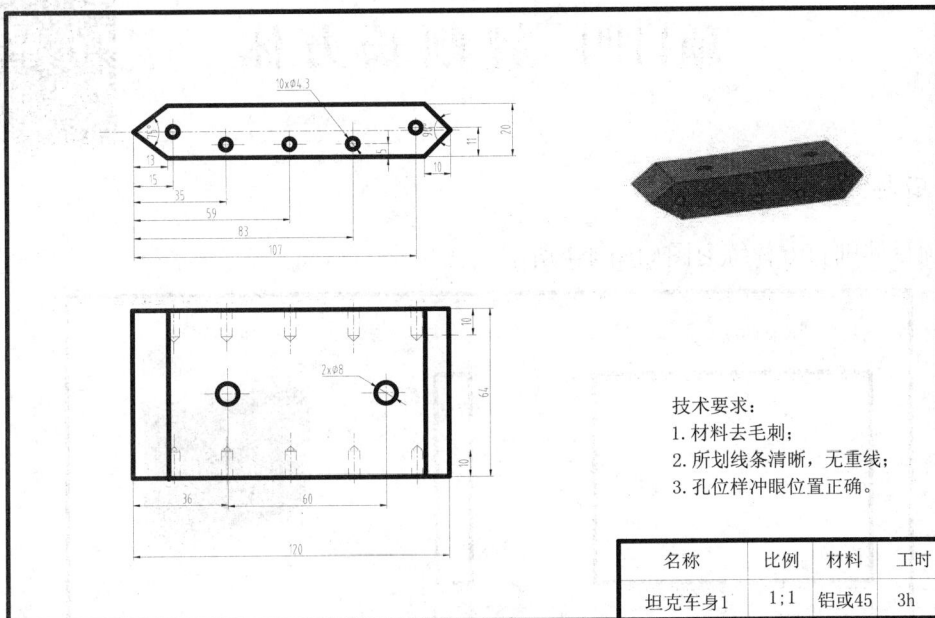

图 3-24　坦克车身 1 零件图

模型坦克车身 1 零件划线的方法如下：

(1) 孔位线的划线方法：如图 3-25 和图 3-26 所示，划好所有孔的十字位置线后，看清图纸，用游标卡尺复量所用划线尺寸是否正确，确定无误后，打好样冲眼。

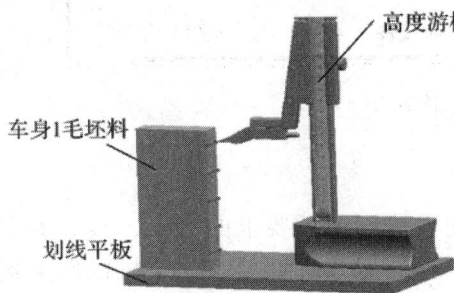

图 3-25　划出孔的第一条位置线

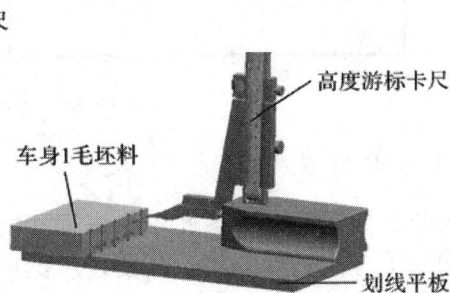

图 3-26　划出孔的十字位置线

(2) 斜面的划线方法：因模型坦克车身 1 两端面有角度，需先划出角点，然后利用钢板尺与划针连线，从而顺利划出斜面，如图 3-27 所示。

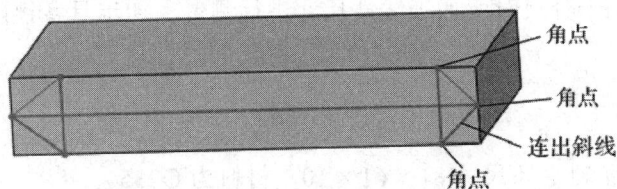

图 3-27　斜面的划线方法示意图

项目四　锉削长方体

[**项目图样**]

本项目锉削长方体练习图如图 4-1 所示。

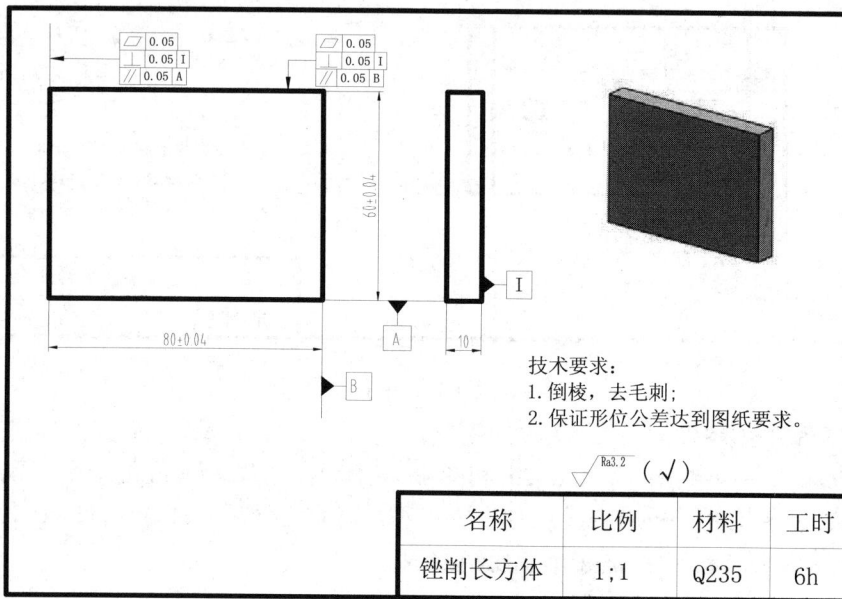

图 4-1　锉削长方体练习图

[**项目简介**]

　　锉削是指用锉刀对零件表面进行切削，使其达到图纸要求的形状、尺寸和表面粗糙度的加工方法。锉削加工简便，广泛应用于零件加工、部件装配、机械修配等单件的小批量生产中，在錾削和锯削之后，可对工件上平面、曲面、沟槽及其他复杂表面进行加工。

　　学生通过长方体锉削这一工作任务，进一步巩固划线技能，学会选择、使用锉刀对平面进行锉削加工的基础知识，能够使用刀口直尺、90°角尺对锉削的平面进行检验，熟练使用游标卡尺和千分尺对所加工线性尺寸进行测量，初步具备锉削 IT10—12 级平面尺寸精度的能力。

[**项目准备**]

　　(1) 材料准备：备料毛坯尺寸 81×61×10，材料为 Q235。
　　(2) 工具准备：12 寸粗齿扁锉、10 寸中齿扁锉、铜丝刷、划线平台。

(3) 量具准备：高度游标卡尺、游标卡尺、千分尺、90°刀口形角尺、塞尺。

(4) 实训准备：

① 领用工具，了解工具的使用方法及使用要求，将工具摆放整齐；实训结束时按工具清单清点工具，并交指导教师验收。

② 熟悉实训要求。复习有关理论知识，详细阅读本书相关内容，在实训过程中认真掌握实训要求的重点及难点内容。

[知识储备]

用锉刀对工件表面进行切削加工，使其尺寸、形状、位置和表面粗糙度等都达到要求，这种加工方法叫锉削。锉削是精度较高的加工，也可以在划线之前对基准面进行加工。尽管锉削的效率不高，但在现代工业生产中的用途仍很广泛，一些不易用机械加工方法来完成的表面，采用锉削方法更简便、经济，尺寸精度可达 0.01 mm，表面粗糙度可达 Ra0.8。

一、锉刀及其使用方法

1. 锉刀

锉刀是锉削的主要工具。锉刀是用高碳工具钢 T12 或 T12A、T13A 制成，经热处理淬硬，硬度可达 HRC62 以上。由于锉削工作较广泛，目前锉刀已标准化。

1) 锉刀的构造

锉刀由锉身和锉柄两部分组成，锉刀的构造如图 4-2 所示。

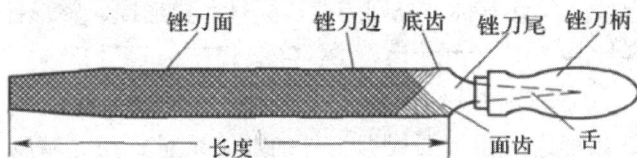

图 4-2 锉刀的构造

锉刀面是锉刀的主要工作面，上下两面都制有锉齿，便于进行锉削。锉刀边是指锉刀的两个侧面，没有齿的边叫光边，以便在锉削内直角的一个面时不碰伤相邻的面。锉刀舌是用来装锉刀柄的，锉刀柄是木制的，在安装孔一端应套有铁箍。一次压制成型的塑胶锉刀柄现在应用也比较广泛。

2) 锉刀的类型、规格、基本尺寸及主要参数

(1) 锉刀的类型按锉刀的用途不同，可分为钳工锉、异形锉和整形锉，如图 4-3 所示。

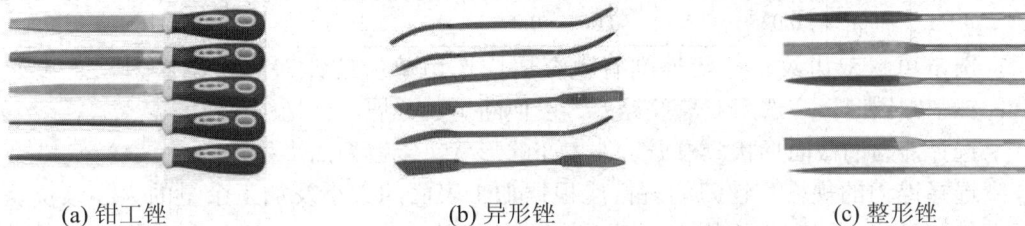

(a) 钳工锉　　　　　　(b) 异形锉　　　　　　(c) 整形锉

图 4-3 锉刀的类型

选用锉刀时应根据被加工面的形状及结构选择合适的锉刀，如图 4-4 所示。钳工锉按锉刀的断面形状不同，又可分为平锉、半圆锉、三角锉、方锉、圆锉等。异形锉用于加工特殊表面，按其断面形状不同，又可分为菱形锉、单面三角锉、刀形锉、双半圆锉、椭圆锉、圆边扁锉、棱边锉等。

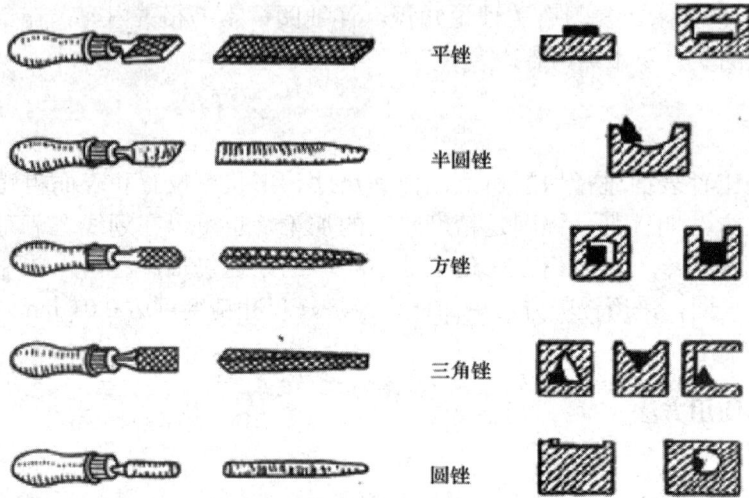

图 4-4 锉刀的选用

(2) 锉刀的规格是指锉身的长度，异形锉和整形锉的规格指锉刀全长。

(3) 锉刀的基本尺寸包括宽度、厚度，对圆锉而言，指其直径。

(4) 锉刀的主要参数用锉纹号表示，锉纹号的大小表示锉齿的粗细，锉纹号越小，锉齿越粗。钳工锉的锉纹号共分五种，分别为 1～5 号，异形锉、整形锉锉纹号共 10 种，分别为 00、0、1～8 号。

3) 锉刀的选用

选择锉齿的粗细。锉齿的粗细要根据工件的加工余量、尺寸精度、表面粗糙度和材质来决定。材质软，选粗齿的锉刀，反之选较细齿锉刀。锉刀锉齿的选用见表 4-1。

表 4-1 锉刀锉齿的选用

锉纹号	锉齿	适 用 场 合			
		加工余量/mm	尺寸精度/mm	表面粗糙度 Ra/μm	适 用 对 象
1	粗	0.5～1	0.2～0.5	100～25	粗加工或加工有色金属
2	中	0.2～0.5	0.05～0.2	12.5～6.3	半精加工
3	细	0.05～0.2	0.01～0.05	6.3～3.2	精加工或加工硬金属
4	油光	0.025～0.05	0.005～0.01	3.2～1.6	精加工时修光表面

选定单、双齿纹。一般锉削有色金属应选用单齿纹锉刀或粗齿锉刀，防止切屑堵塞；锉削钢铁时，应选用双齿纹锉刀，以便断屑、分屑，使切削省力、高效。

选择锉刀的截面形状。根据工件表面的形状决定锉刀的类型。

选择锉刀的规格。锉刀的规格应根据加工表面的大小及加工余量的大小来决定。为保证锉削效率，合理使用锉刀，一般大的表面和大的加工余量宜用长的锉刀，反之则用短的锉刀。

4) 锉刀柄的装卸

钳工锉只有在装上手柄后，使用起来才方便省力。锉刀柄常采用硬质木料或塑料制成，圆柱部分供镶铁箍用，以防止松动或裂开。锉刀柄安装孔的深度和直径不能过大或过小，约能使锉柄长的 3/4 插入柄孔为宜。锉刀柄表面不能有裂纹、毛刺。

锉刀柄的安装和拆卸方法如图 4-5 所示。安装时，先用两手将锉刀柄自然插入，再用右手持锉刀轻轻墩紧，或用手锤轻轻击打直至插入锉柄长度约为 3/4 为止，如图 4-5(a)所示。图 4-5(b)为错误的安装方法，因为单手持木柄墩紧，可能会使锉刀因惯性大而跳出木柄的安装孔。拆卸锉刀柄的方法如图 4-5(c)所示，在台虎钳钳口上轻轻将木柄敲松后取下。

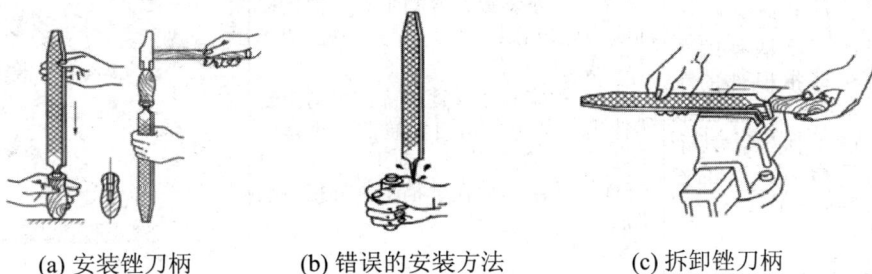

(a) 安装锉刀柄　　　　　　(b) 错误的安装方法　　　　　　(c) 拆卸锉刀柄

图 4-5　锉刀柄的装卸

5) 锉刀的使用及保养

合理使用和正确保养锉刀，能延长锉刀的使用寿命，提高工作效率，降低生产成本。因此应注意的问题如下：

(1) 为防止锉刀过快磨损，不要用锉刀锉削毛坯件的硬皮或工件的淬硬表面，而应先用其他工具或用锉刀的前端、边齿加工。

(2) 锉削时应先用锉刀的同一面，待这个面用钝后再用另一面。因为使用过的锉齿易锈蚀。

(3) 锉削时要充分使用锉刀的有效工作面，避免局部磨损。

(4) 不能用锉刀作为装拆、敲击和撬物的工具，防止因锉刀材质较脆而折断。

(5) 用整形锉和小锉刀时，用力不能太大，防止锉刀折断。

(6) 锉刀要防水、防油。沾水后的锉刀易生锈，沾油后的锉刀在工作时易打滑。

(7) 锉削过程中，若发现锉纹上嵌有切屑，要及时将其去除，以免切屑刮伤加工面，锉刀用完后，要用钢丝刷或铜片顺着锉纹刷掉残留下的切屑，如图 4-6 所示，以防生锈，不可用嘴吹切屑，以防切屑飞入眼内。

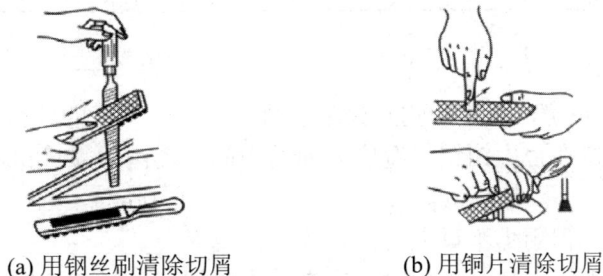

(a) 用钢丝刷清除切屑　　　　　　(b) 用铜片清除切屑

图 4-6　清除锉屑

(8) 放置锉刀时要避免与硬物相碰，避免锉刀与锉刀重叠堆放，防止损坏锉齿。

2. 正确的握锉姿势

锉刀的握法随锉刀规格和使用场合的不同而有所区别，不同锉刀的正确握法详见表 4-2。

表 4-2　不同锉刀的正确握法

锉刀规格类型	握法要领		示意图
	右　手	左　手	
大型锉	右手握着锉刀柄，将柄外端顶在拇指根部的手掌上，大拇指放在手柄上，其余手指由下而上握手柄	(1) 左手掌斜放在锉梢上方，拇指根部肌肉轻压在锉刀刀头上，中指和无名指抵住梢部右下方 (2) 左手掌斜放在锉梢部，大拇指自然伸出，其余各指自然蜷曲，小指、无名指、中指抵住锉刀前下方 (3) 左手掌斜放在锉梢上，五指自然平放	
中型锉	右手握着锉刀柄，将柄外端顶在拇指根部的手掌上，大拇指放在手柄上，其余手指由下而上握手柄	左手的大拇指和食指轻轻扶持锉梢	
小型锉	右手的食指平直扶在手柄外侧面	左手手指压在锉刀的中部，以防锉刀弯曲	
整形锉	单手握持手柄，食指放在锉身上方	左手握持手柄，食指放在锉身上方	
异形锉	右手与握小型锉的手形相同	左手轻压在右手手掌左外侧，以压住锉刀，小指勾住锉刀，其余四指抱住右手	

二、正确装夹工件

工件的装夹是否正确，直接影响到锉削质量的高低。工件的装夹应符合下列要求：

(1) 工件尽量夹持在台虎钳钳口宽度方向的中间。锉削面靠近钳口，以防锉削时产生振动。

(2) 装夹要稳固，但用力不可太大，以防工件变形。

(3) 装夹已加工表面和精密工件时，应在台虎钳钳口处衬上纯铜皮或铝皮等软衬垫，以防夹伤表面。

三、平面的锉削方法

平面的锉削方法有顺向锉、交叉锉和推锉三种。

(1) 顺向锉法。顺向锉法是最基本的锉削方法，如图 4-7 所示，不大的平面和最后锉光的平面都会用这种方法，以得到正直的刀痕。

(2) 交叉锉法。交叉锉法如图 4-8 所示，交叉锉时，锉刀与工件接触面较大，锉刀容易掌握得平稳，且能从交叉的刀痕上判断出锉削面的凸凹情况。锉削余量大时，一般可在锉削的前阶段用交叉锉，以提高工作效率。当锉削余量不多时，再改用顺向锉，使锉纹方向一致，得到较光滑的表面。

(3) 推锉法。当锉削狭长平面或采用顺向锉受阻时，可采用推锉法，如图 4-9 所示。推锉时的运动方向不是锉齿的切削方向，且不能充分发挥手的力量，故切削效率不高，只适合于锉削余量小的场合。

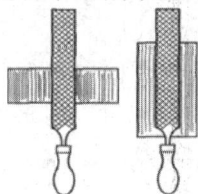 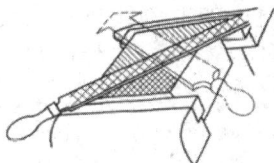 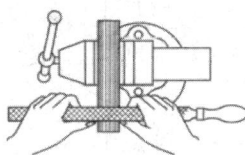

图 4-7　顺向锉法　　　　　图 4-8　交叉锉法　　　　　图 4-9　推锉法

为使整个加工面的锉削均匀，无论采用顺向锉还是交叉锉，一般应在每次抽回锉刀时向旁边略作移动，如图 4-10 所示。

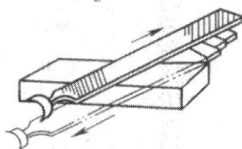 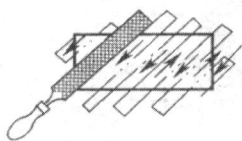 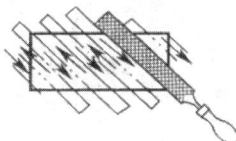

图 4-10　锉刀的移动

四、锉削平面检验的常用量具及方法

1. 刀口形直尺

刀口形直尺(简称刀口尺)是用光隙法检验直线度或平面度的量尺。图 4-11 所示为刀口形直尺及其应用。若工件的表面不平，则刀口形直尺与工件表面有间隙存在。操作者根据光隙可以判断误差状况，也可用塞尺检验缝隙的大小。

 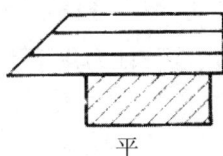 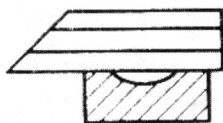 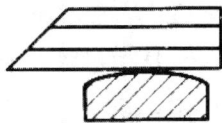

平　　　　　　凹　　　　　　凸

(a) 刀口形直尺　　　　　　　　　　(b) 刀口形直尺检测平面

图 4-11　刀口形直尺及其应用

用钢直尺、刀口形直尺透光法检查的过程中，当需改变检验位置时，应将尺子提起，再轻放到新的检验处，而不应在平面上移动，以防磨损直尺测量面。刀口形直尺检验平面度误差如图 4-12 所示。

图 4-12　刀口形直尺检验平面度误差

2. 90°角尺

90°角尺是用来检查工件垂直度的非刻线量尺。使用时，操作者将尺座的测量面与工件的基准面贴合，然后使尺瞄的测量面与工件的另一表面接触。操作者根据光隙可以判断误差状况，也可用塞尺测量其缝隙大小，如图 4-13 所示。90°角尺也可以用来保证划线垂直度。

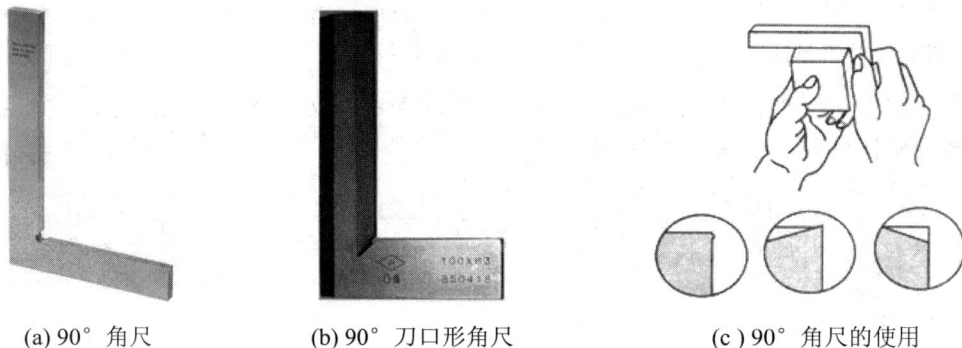

(a) 90°角尺　　(b) 90°刀口形角尺　　(c) 90°角尺的使用

图 4-13　90°角尺及其应用

五、锉削的安全知识

(1) 锉刀柄一定要安装牢固，不可松动，更不可使用无柄或木柄裂开的锉刀。

(2) 锉削时不可将锉刀柄撞击到工件上，否则手柄会突然脱开，锉刀尾部会弹起而刺伤人体。

(3) 锉削时不可用手去清除铁屑，以防刺伤手，也不能用手去摸工件锉过的表面，以免引起表面生锈。

(4) 锉刀放置时不要将其露在台虎钳外面，以防锉刀落下砸伤脚和摔断锉刀。

[项目实施]

一、长方体锉削的加工

长方体锉削的加工步骤见表 4-3。

表 4-3　长方体锉削的加工步骤

工　序	示　范	操作说明
检查来料尺寸、几何精度		对来料毛坯尺寸进行初步检测，是否符合图样加工要求。对来料毛坯的平面度、垂直度、平行度进行初步检测，估算加工余量是否符合加工要求。根据来料毛坯尺寸及几何精度初检结果，选择平面精度相对较高的一个非加工面为垂直度检测基准；选择垂直度精度相对较高的两相邻加工面为基准面；估算粗、精加工余量
锉削基准面 A		以大平面基准 I 为测量基准，用刀口角尺通过透光法或塞尺检测基准面 A 与面 I 的垂直度误差；根据误差值的大小，选择合适规格的平锉刀，用交叉锉或顺向锉的方法对面 A 进行粗锉；选择细齿平锉，用推锉法精修面 A 并检测，使面 A 锉纹顺向一致，平面度、与大平面基准 I 的垂直度达到图样要求；倒棱去毛刺
锉削基准面 B		以大平面基准 I 为测量基准，用刀口角尺通过透光法或塞尺检测基准面 B 与基准面 A、基准面 I 的垂直度误差；根据误差值大小，选择合适规格的平锉刀，用交叉锉或顺向锉的方法对面 B 进行粗锉；选择细齿平锉，用推锉法精修面 B 并检测，使面 B 锉纹顺向一致，平面度、与基准面 A、基准面 I 的垂直度达到图样要求；倒棱去毛刺
划线		根据 A、B 基准划出长方体零件 80×60 的外形尺寸线
锉削 A 面的对面，C 面		测量 C 面与 A 面实际尺寸，根据图样要求及误差的大小选择不同的加工方法，加工完成后达到图纸要求的精度
锉削 B 面的对面，D 面		测量 D 面与 A 面实际尺寸，根据图样要求及误差的大小选择不同的加工方法，加工完成后达到图纸要求的精度

二、不同余量的加工方法

根据与图样要求误差的大小选择不同的加工方法，见表 4-4。

表 4-4　不同余量的加工方法

加工余量/mm	加工方法	操作要点	检测内容	检测方法	备　注
>1.5	锯削	贴线或离线锯削	(1) 平面度 (2) 垂直度	目测	提高各种情况下锉削去除量及质量的控制能力，应尽量减少测量次数，以提升加工效率。加工前测量 1 次，总体把控；粗锉、半精锉过程测量 1~2 次；精加工 1~2 次；终检 1 次
≤1.5	粗锉	顺向锉或交叉锉	(1) 平面度 (2) 与面Ⅰ垂直度 (3) 与面 A 平行度 (4) 尺寸	(1) 平面度、垂直度：刀口直角尺 (2) 平行度、尺寸：用游标卡尺或千分尺测量，可同时检测平行度与尺寸两个内容	
≤0.10	半精锉				
≤0.04	精锉	顺向锉			
≤0.02	精修 (锉纹一致)	顺向锉或推锉			

[项目评价]

项目完成后需认真填写项目评价表，进行项目总结。锉削长方体项目评价表见表 4-5。

表 4-5　锉削长方体项目评价表

班级：_____　　姓名：_____　　学号：_____　　成绩：_____

序号	技术要求	配分	评分标准	自检记录	交检记录	得分
1	60±0.04	12	超差不得分			
2	80±0.04	12	超差不得分			
3	▱ 0.05	20	每超一处扣 5 分			
4	⊥ 0.05 Ⅰ	20	每超一处扣 5 分			
5	∥ 0.05 A	4	超差不得分			
6	∥ 0.05 B	5	超差不得分			
7	粗糙度 Ra3.2 μm(4 处)	12	每超一处扣 3 分			
8	加工工艺	5	不合理酌情扣分			
9	团队合作	5	不密切酌情扣分			
10	安全文明生产	5	不规范酌情扣分			
	合　计	100	—		—	

[**知识拓展**]

台阶零件的小平面锉削加工方法

由于台阶零件的小平面，受加工空间限制，如图 4-14 所示，其垂直度测量、锉刀选择及锉削方法与大平面锉削加工有所区别。

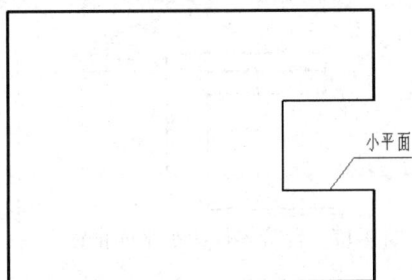

图 4-14　台阶零件的小平面

一、垂直度测量

由于小平面空间狭小，容纳不下刀口角尺，可用万能角度尺的直尺与角尺配件装配至 90°替代刀口角尺测量，如图 4-15 所示。

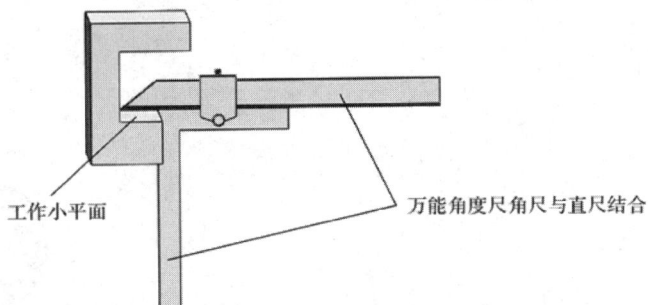

图 4-15　台阶零件的小平面垂直度的测量方法

二、锉刀的修磨

在锉削台阶零件小平面时，一般要将锉刀窄边修磨出约 85°的角度，以免锉削时损伤已加工的相邻表面，并起到有效清角作用，如图 4-16 所示。

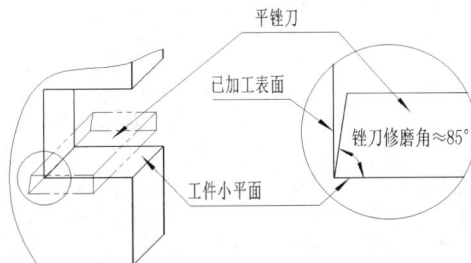

图 4-16　台阶零件的小平面锉刀修磨

三、锉削的方法

为了提高加工效率，锉削大平面时应尽量避免过多使用推锉。但锉削台阶零件的小平面时因受空间限制，粗锉通常采用顺向锉法，精修则多采用推锉法，如图 4-17 所示。

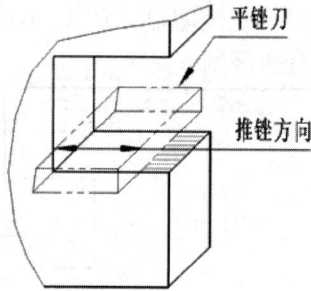

图 4-17　台阶零件的小平面推锉方向

项 目 五 锯 削 铁 梳 子

[项目图样]

本项目锯削铁梳子图纸如图 5-1 所示。

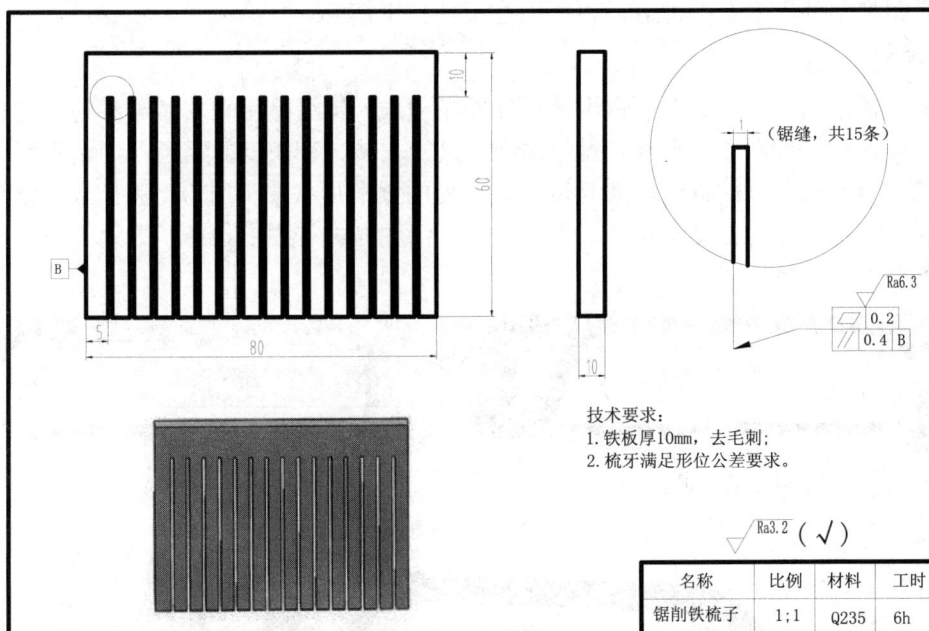

技术要求:
1. 铁板厚10mm, 去毛刺;
2. 梳牙满足形位公差要求。

名称	比例	材料	工时
锯削铁梳子	1:1	Q235	6h

图 5-1 锯削铁梳子

[项目简介]

工业生产中各种自动化、机械化的切割设备已广泛地使用,但手锯切割还是常见的,它具有方便、简单和灵活的特点,在单件小批量生产、临时工地及分割各种材料或半成品、锯掉工件上多余的部分、切割异形工件、开槽、修整等场合应用广泛。因此,手工锯削是钳工需要掌握的基本操作之一。

本项目如图 5-1 所示,材料由项目四(锉削长方体)的材料转下,通过锯削铁梳子这一工作任务,了解钳工锯削的基础知识,熟练工量具的使用方法,掌握锯削的操作技能,具备锯削平面的能力。

[项目准备]

(1) 材料准备:项目四锉削长方体转下,80×60×10,材料为 Q235。
(2) 工具准备:锯弓、锯条、划线平台。

(3) 量具准备：高度游标划线尺、游标卡尺。

(4) 实训准备：

① 领用工具，了解工具的使用方法及使用要求，将工具摆放整齐；实训结束时按工具清单清点工具，并交指导教师验收。

② 熟悉实训要求。复习有关理论知识，详细阅读本书相关内容，在实训过程中认真掌握实训要求的重点及难点内容。

[知识储备]

用手锯把材料或工件进行分割或切槽等的加工方法称锯削。它可以将各种原材料锯断，或者锯掉工件上多余的部分，也可以在工件上锯槽等。

1. 锯削工具

手锯是锯削的主要工具。手锯由锯弓和锯条组成。锯弓是用来安装锯条的，它有可调式和固定式两种，如图 5-2 所示，固定式锯弓只能安装一种长度的锯条，可调式锯弓通过调整可以安装几种长度的锯条，并且可调式锯弓的锯柄形状便于用力，因此被广泛使用。固定式和可调节式锯弓都是由销子、翼形螺母、活动拉杆、固定拉杆、把手等组成，其结构如图 5-3 所示。

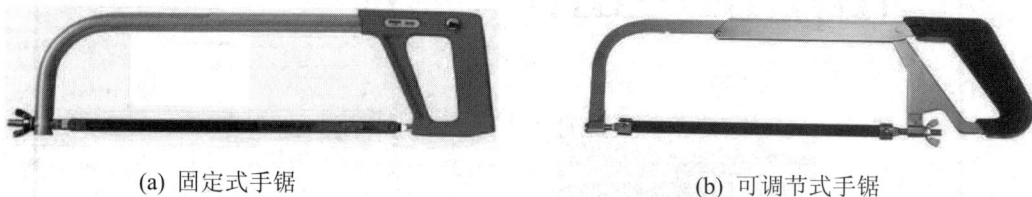

(a) 固定式手锯　　　　　　　　　　　　　　(b) 可调节式手锯

图 5-2　手锯

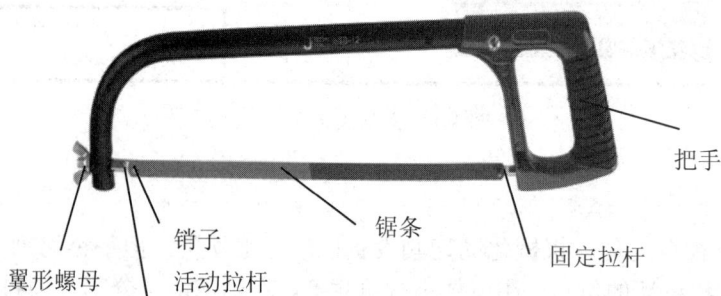

图 5-3　锯弓的结构

锯条是开有齿刃的钢片条，是用来直接锯削材料或工件的刃具。锯条一般用碳素工具钢制成，经过热处理淬硬。还有双金属锯条、碳化砂锯条、高速钢锯条。

锯条长度指两端安装孔之间的距离，常用的规格有 300 mm。

锯条的切削部分由许多均布的锯齿组成，锯齿前角 $\gamma_0=0°$，后角 $\alpha_0=40°$，楔角 $\beta_0=50°$，如图 5-4 所示。制成这一后角和楔角的目的，是为了使切削部分具有足够的容屑空间，使锯齿具有一定的强度，以便获得较高的工作效率。

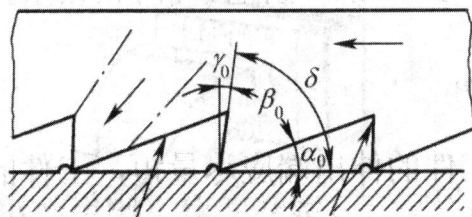

图 5-4 锯齿的切削角度

在制作锯条时，全部锯齿按一定规则左右错开，排成一定的形状，称为锯路，如图 5-5 所示。锯路的形成，能使锯缝宽度大于锯条背的厚度，使锯条在锯削时不会被锯缝夹住，以减少锯条与锯缝间的摩擦，便于排屑，减轻锯条的发热与磨损，延长锯条的使用寿命，提高锯削效率。

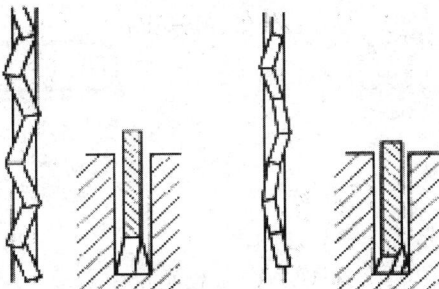

图 5-5 锯路

2. 安装锯条

正确安装锯条是保证锯削精度和延长锯条寿命的有效途径，如图 5-6 所示，安装锯条必须满足以下三个要求：

(1) 调节好的锯条应与锯弓在同一中心平面内，以保证锯缝正直，防止锯条折断，如图 5-6(a)所示。

(2) 锯齿朝前，如果装反了，则前角为负值，不能正常锯削，如图 5-6(b)所示。

(3) 锯条的松紧程度要适当，锯条装得太紧，会使锯条受张力太大，易受弯曲而折断；装得太松，使锯条在工作时易扭曲摆动而折断，且锯缝易发生歪斜。

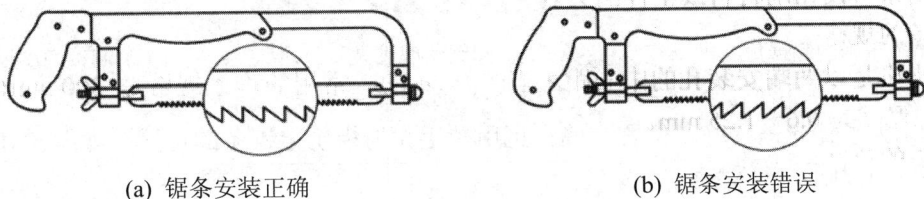

(a) 锯条安装正确   (b) 锯条安装错误

图 5-6 锯条的安装

3. 夹持工件

工件一般被夹持在台虎钳的左侧，以方便操作。工件的伸出端应尽量短，锯削线应尽量靠近钳口，从而防止工件在锯削过程中产生振动，如图 5-7 所示。工件要牢固地夹持在台虎钳上，防止锯削时因工件移动致使锯条折断。但对于薄壁、管子及已加工表面，要防止因夹持太紧而使工件或表面变形。

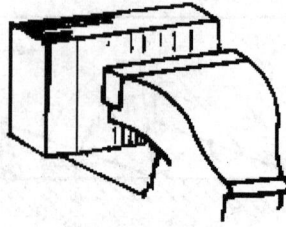

图 5-7　锯削时工件的装夹

4. 起锯的方法

起锯是锯削工作的开始。它的方法可以分为远起锯和近起锯。远起锯是指从工件远离操作者的一端起锯,如图 5-8(a)所示;近起锯是指从工件靠近操作者的一端起锯,如图 5-8(b)所示。

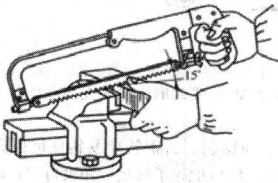

(a)　远起锯

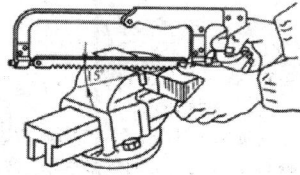

(b)　近起锯

图 5-8　起锯的方法

起锯质量的好坏直接影响锯削质量,因此起锯时应注意如下:

(1) 起锯角度 θ 一般不大于 15°,如图 5-9(a)所示。

(2) 起锯角度太大,锯齿易被工件的棱边卡住,如图 5-9(b)所示。

(3) 起锯角度太小,锯条打滑,锯缝发生偏离,会影响工件表面的质量,如图 5-9(c)所示。

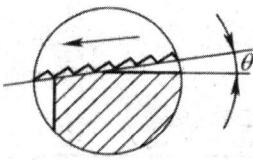

(a)　正确的起锯角度

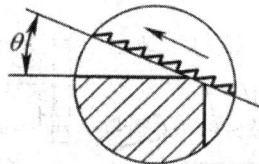

(b)　起锯角度过大

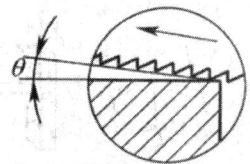

(c)　起锯角度过小

图 5-9　起锯角度

(4) 为了使起锯平稳,位置准确,可用左手大拇指确定锯条的位置,如图 5-10 所示。起锯时应压力小,行程短。

锯条

图 5-10　起锯大拇指定位

5. 锯削的动作要领

正确的锯削姿势能减轻疲劳，提高工作效率。具体动作要领如下：

(1) 握锯时，操作者要自然舒展，右手握手柄，左手轻扶锯弓前端。

(2) 锯削时，夹持工件的台虎钳高度要适合锯削时的用力需要，如图 5-11 所示，即从操作者的下颚到钳口的距离以一拳一肘的高度为宜。

图 5-11 锯削时站立的高度

(3) 锯削时，操作者右腿向右后伸直蹬地，左腿弯曲，身体向前倾斜，重心落在左脚上，两脚站稳不动，靠左膝的屈伸使身体做往复摆动。即在起锯时，身体稍向前倾，与竖直方向成 10°角，此时右肘尽量向后收，如图 5-12(a)所示。随着推锯的行程增大，身体逐渐向前倾斜。行程达 2/3 时，身体倾斜 18°角左右，左、右臂均向前伸出，如图 5-12(b)和图 5-12(c)所示。当锯削最后 1/3 行程时，用手腕推进锯弓，身体随着锯的反作用力退回到 15°角位置，如图 5-12(d)所示。锯削行程结束后，取消压力将手和身体都退回到最初位置。

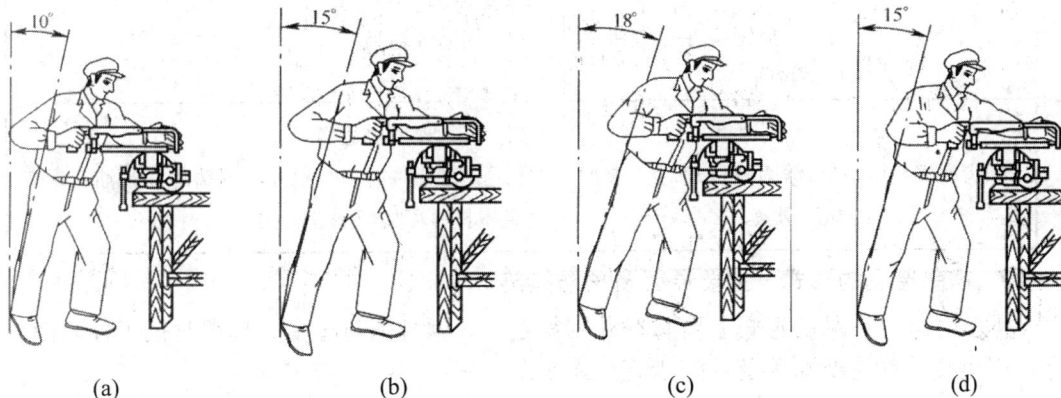

图 5-12 锯削姿势

(4) 锯削速度以 20～40 次/min 为宜。速度过快，易使锯条发热，磨损加重；速度过慢，又直接影响锯削效率。一般锯削软材料可快些，锯削硬材料可慢些。必要时可用切削液对锯条冷却润滑。

(5) 锯削时，不要仅使用锯条的中间部分，而应尽量在全长度范围内使用。为避免局部磨损，一般应使锯条的行程不小于锯条长的 2/3，以延长锯条的使用寿命。

(6) 锯削时的锯弓运动形式有两种：一种是直线运动，适用于锯薄形工件和直槽；另一种是摆动运动，即在前进时，右手下压而左手上提，操作自然省力。锯断材料时，一般采用摆动式运动。

(7) 锯弓前进时，一般要加不大的压力，而后拉时不加压力。

6. 锯条损坏的形式、主要原因及预防措施

锯条损坏的形式有锯齿崩断、锯条折断和锯齿过早磨损等，主要原因及其预防措施见表 5-1 所示。

表 5-1　锯条损坏的形式、主要原因及预防措施

损 坏 形 式	损 坏 原 因	预 防 措 施
锯齿崩断	(1) 锯齿的粗细选择不当 (2) 起锯方法不正确 (3) 突然碰到砂眼，杂质或突然加大压力	(1) 根据工件材料的硬度选择锯条的粗细。锯薄板或薄壁管时，选细齿锯条 (2) 起锯角要小，远起锯时用力要小 (3) 碰到砂眼、杂质时，用力要减小；锯削时避免突然加压 (4) 发现锯齿崩裂时，立即在砂轮上小心将其磨掉，且对后面相邻的 2～3 个齿高作过渡处理，避免齿的尺寸突然变化使锯条折断
锯条折断	(1) 锯条安装不当 (2) 工件装夹不正确 (3) 强行借正歪斜的锯缝 (4) 用力太大或突然施加压力 (5) 新换锯条在锯缝中受卡后被拉断	(1) 锯条松紧要适当 (2) 工件装夹要牢固，伸出端尽量短 (3) 锯缝歪斜后，将工件调向再锯，不可调向时，要逐步借正 (4) 用力要适当
锯齿磨损	(1) 锯削速度太快 (2) 锯削硬材料时，未加冷却润滑液	(1) 锯削速度要适当 (2) 锯削钢件时应加机油，锯铸件加柴油，锯其他金属材料可加切削液

7. 锯削废品的形式、主要原因及预防措施

锯削时产生废品的形式主要有尺寸锯得过小、锯缝歪斜过多、起锯时把工件表面锯坏等，产生废品的主要原因及预防措施见表 5-2。

表 5-2　锯削时产生废品的形式、主要原因及预防措施

废 品 形 式	主 要 原 因	预 防 措 施
锯缝歪斜	(1) 锯条装得过松 (2) 目测不及时	(1) 适当绷紧锯条 (2) 安装工件时使锯缝的划线与钳口外侧平行，锯削过程中经常目测 (3) 扶正锯弓，按线锯削
尺寸过小	(1) 划线不正确 (2) 锯削线偏离划线	(1) 按图样正确划线 (2) 起锯和锯削过程中始终使锯缝与划线重合
工件表面拉毛	起锯方法不对	(1) 起锯时左手大拇指要挡好锯条，起锯角度要适当 (2) 待有一定的起锯深度后再正常锯削，以避免锯条弹出

[项目实施]

一、锯削铁梳子的加工。

锯削铁梳子的加工步骤见表 5-3。

表 5-3 锯削铁梳子的加工步骤表

工 序	示 范	操 作 说 明
划锯削终止线		以 A 面为基准，高度游标划线尺调到 10 mm，划出锯削终止线，要求正反面划线
划锯削线		以 B 面为基准，5 mm 划第一条线，10 mm 划第二条线，以此类推，要求划线基准统一，正反面划线
锯削		起锯时，锯条尽可能与台虎钳夹持的两个大面垂直，满足 $\boxed{\square\ 0.2}$ 的要求。以第一条线为基准，练习锯削，使锯缝的一侧尽可能紧贴第一条线，锯削长度达到图纸要求。依次锯削出其余各条锯缝，并在锯削过程中不断分析锯缝质量，及时调整、修正锯削方法。锯削过程中，注重锯削姿势，随时调整锯弓，以防锯路歪斜，保证 $\boxed{/\!/\ 0.4\ B}$ 要求，锯缝到锯削终止线便停止锯削

二、注意事项

(1) 划线时，操作者注意保证线条清晰，每条线尽量一次划成型。

(2) 每次行锯时，操作者要使用锯条全部长度的 2/3 以上。

(3) 每条锯缝应尽量一次性锯削完，否则会因为锯削不连续，而影响锯削的质量。

(4) 在板类工件上锯削较长的锯缝，锯缝容易发生偏斜，采用直线往复式锯削，运锯速度控制在 30 次/min，并且随时目测检查锯缝的情况，检查时，操作者的双脚尽量不要移动。

(5) 若操作者发现锯缝已经开始偏斜，应立即将锯弓偏向锯缝偏斜的一侧再进行锯削，等锯缝被纠正后，再扶正锯弓，按正常方法进行锯削。

[项目评价]

项目完成后需认真填写项目评价表，进行项目总结。锯削铁梳子项目评价表见表 5-4。

表 5-4　锯削铁梳子项目评价表

班级：_____　　　姓名：_____　　　学号：_____　　　成绩：_____

序号	技术要求	配分	评分标准	自检记录	交检记录	得分
1	▱ 0.2 (15 处)	30	每超一处扣 2 分			
2	∥ 0.4 B (15 处)	15	每超一处扣 1 分			
3	5 mm(15 处)	15	每超一处扣 1 分			
5	6.3/ (15 处)	15	每超一处扣 1 分			
6	10 mm(锯削终止线)	10	超差不得分			
7	加工工艺	5	不合理酌情扣分			
8	团队意识	5	不密切酌情扣分			
9	安全文明生产	5	不规范酌情扣分			
	合　计	100	—			

[知识拓展]

锯齿规格应用与其他锯削方法

一、锯齿的粗细规格与应用

锯齿的粗细是以每 25 mm 长度内的齿数来表示的，一般分为粗、中、细三种。锯齿粗细的选择应根据材料的硬度和厚度来确定，以使锯削工作既省力又经济。锯齿的粗细规格及应用见表 5-5。

表 5-5　锯齿的粗细规格及应用

锯齿	每 25 mm 长度内齿数	应　　用
粗	14～18	锯削软钢、黄铜、铸铁、紫铜、人造胶质材料
中	22～24	锯削中等硬度钢、厚壁的钢管、铜管
细	32	薄片金属、薄壁管子
细变中	32～20	一般在工厂中用，易于起锯

二、其他锯削方法

1. 棒料的锯削

棒料锯削时，如对断面要求平整，则应从起锯时连续锯削，直到结束；仅要求锯断棒料时，可采用几个方向锯削，便于排屑，提高锯削效率。棒料的锯削如图 5-13 所示。

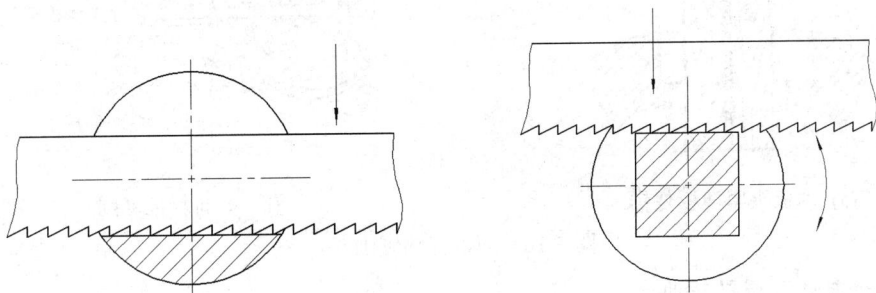

图 5-13　棒料的锯削

2. 薄壁管件的锯削

薄壁管件锯削时，为了防止装夹变形，应夹在木垫之间。锯割薄壁管件时不宜从一个方向锯到底，应该锯到管子内壁时停止，然后把管子向推锯方向旋转一些，仍按原有锯缝锯下去，这样不断转据，到锯断为止。薄壁管件的锯削如图 5-14 所示。

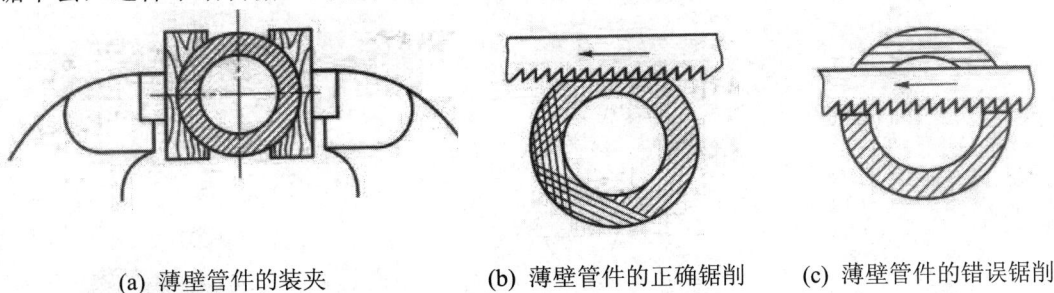

(a) 薄壁管件的装夹　　　　(b) 薄壁管件的正确锯削　　　(c) 薄壁管件的错误锯削

图 5-14　薄壁管件的锯削

3. 深缝的锯削

当锯缝深度超过锯弓高度时，工件应夹在台虎钳一侧，锯缝与钳中侧面平行，距离约 20 mm。锯削到一定深度后，操作者应调整锯条平面垂直于锯弓平面，或使锯齿朝向锯弓内侧完成深缝的锯削，如图 5-15 所示。

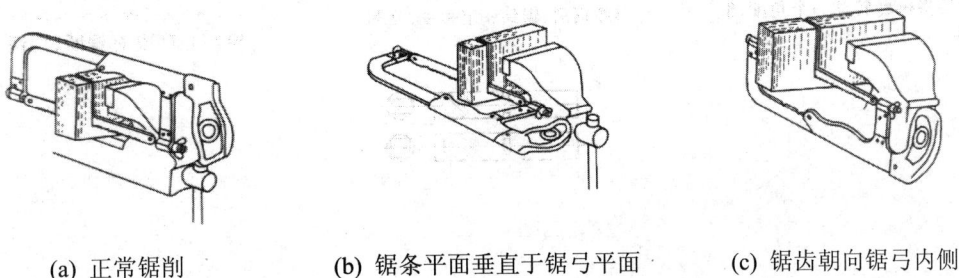

(a) 正常锯削　　　　(b) 锯条平面垂直于锯弓平面　　　(c) 锯齿朝向锯弓内侧

图 5-15　深缝的锯削

4. 薄板件的锯削

锯削薄板件时，由于板件颤动使锯齿不易切入，易导致锯条断齿。操作者可用木板夹紧薄板件进行锯削，也可以将锯缝处于水平位置横向斜推手锯，如图 5-16 所示。

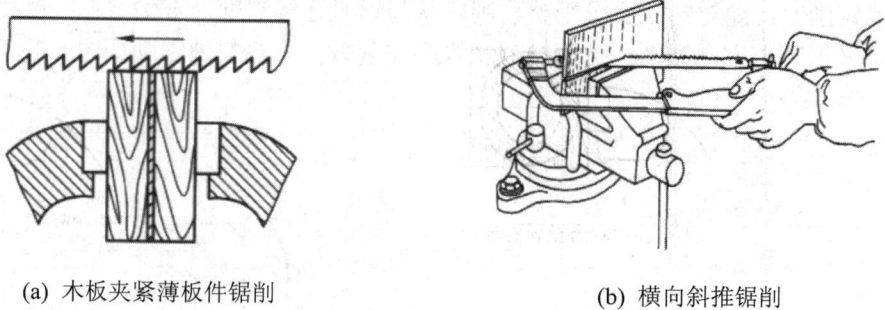

(a) 木板夹紧薄板件锯削　　　　　　　　(b) 横向斜推锯削

图 5-16　薄板件的锯削

5. 其他电动工具的锯削

除了手工锯削外，还可采用手持式电动切割机(角磨机) 和砂轮切割机来完成常见的板料、管料、线材和截面尺寸不大的棒料等毛坯的切割。在使用电动切割机和砂轮切割机进行切割时需要注意：应将工件进行可靠装夹；其锯片是用树脂作为结合剂，保质期一般为两年，超过保质期的锯片不得使用；使用时应避开易燃、易爆的环境；操作者应避开锯片的回转面，用力适中且均匀。

项目六　锉削台阶圆弧角度块加工

[项目图样]

本项目锉削台阶圆弧角度块加工图纸如图 6-1 所示。

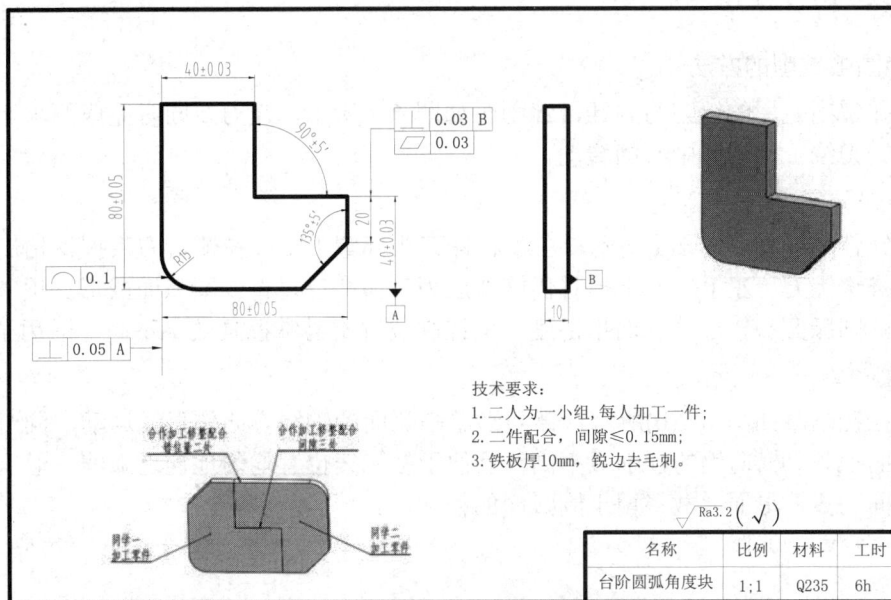

图 6-1　锉削台阶圆弧角度块加工图纸

[项目简介]

台阶圆弧角度块锉削是平面、角度、曲面锉削的综合，目的是进一步巩固、提高锉削技能；同时，该件尺寸、形位精度的要求较高，从而对量具的使用及测量的正确性也提出了更高的要求。因此，掌握正确的锉削技能、熟练使用锉削工具、规范使用量具进行测量是该项目的学习重点。

实训模式采用两人一组合作模式，学生根据图纸要求加工完成的台阶圆弧角度块，两人一组为单位，加工期间注意沟通，保证尺寸与精度。加工完成后，两件进行图示 6-1 所示的配合，进行间隙配合的合作修整，项目评价表中的配合分共得。

[项目准备]

(1) 材料准备：80.5 × 80.5 × 10.5，材料为 Q235。

(2) 工量具准备：300 mm 粗齿扁锉、250 mm 中齿扁锉、200 mm 细齿扁锉、手锯、钢皮尺、刀口角尺、游标卡尺、高度划线尺、万能角度尺、R 规(R15～25)、划线工具、铜丝刷等。

(3) 实训准备：

① 领用工量具，了解工量具的使用方法及使用要求，将工量具摆放整齐；实训结束时按工具清单清点工具，并交指导教师验收。

② 熟悉实训要求。复习有关锉削的理论知识，详细阅读本书相关内容，在实训过程中认真掌握实训要求的重点及难点内容。

［知识储备］

一、曲面锉削的方法

1. 外圆弧锉削的方法

外圆弧锉削所用的锉刀为扁锉，锉削时如图 6-2 所示，锉刀要同时完成两项运动：前进运动和锉刀绕工件圆弧中心的转动。

1) 顺向锉

顺向锉锉削时如图 6-2(a)所示，左手将锉刀头部置于工件左侧，右手握柄抬高，拉着右手下压推进锉刀、左手随着上提且仍施加压力，如此反复直到圆弧面成形。顺向锉能得到较光滑的圆弧面和较低的表面粗糙度，但锉削位置不易掌握且效率不高，适用于精锉。

2) 横向锉

横向锉锉削时如图 6-2(b)所示，锉刀沿着圆弧面的轴线方向作直线运动，同时锉刀不断随圆弧面摆动。横向锉的锉削效率高，且便于按划线位置均匀地锉近弧线，但只能锉成近似圆弧面的多棱形面，故多用于圆弧面的粗加工。

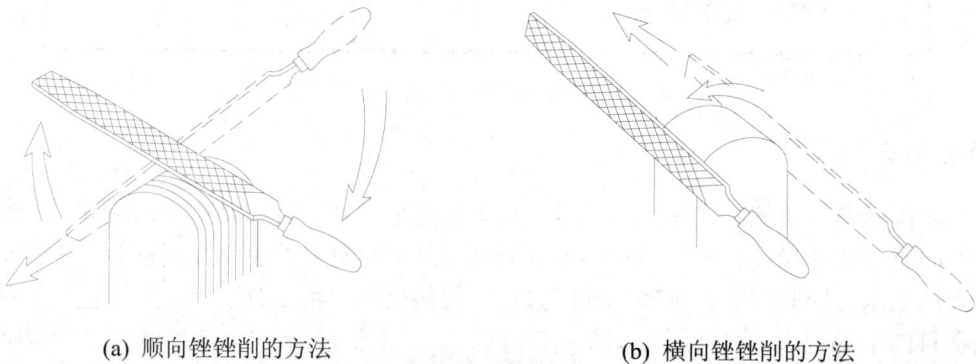

(a) 顺向锉锉削的方法　　　　　　　　　　　(b) 横向锉锉削的方法

图 6-2　外圆弧锉削的方法

2. 内圆弧锉削的方法

锉削内圆弧面时，锉刀选用圆锉、半圆锉、方锉(圆弧半径较大时)。内圆弧锉削方法如图 6-3 所示，锉刀要同时完成下列三个运动：

(1) 锉刀沿轴线作前进运动，保证锉刀全程参加切削。

(2) 沿圆弧面向左或向右移动，避免加工表面出现棱角(约半个到一个锉刀直径)。

(3) 绕锉刀轴线转动(顺时针或逆时针方向转动)。

三个运动要协调配合、缺一不可，否则，不能保证锉出的圆弧面光滑、正确。

不正确

正确

图 6-3　内圆弧锉削的方法

3. 平面与圆弧的连接方法

一般情况下，应先加工平面再加工圆弧，以使圆弧与平面连接圆滑。若先加工圆弧面再加工平面，则在加工平面时，由于锉刀左右移动使圆弧面损伤，且连接处不易锉削圆滑或不相切。

4. 推锉

推锉时，锉刀容易掌握平衡，一般用于狭长平面的平面度修整，或锉刀推进受阻碍时要求锉纹一致而采用的一种补偿方法，如图 6-4 所示。由于推锉时的锉刀运动方向不是锉齿的切削方向，且不能充分发挥手的力量，故效率低，只适合于加工余量小的场合。

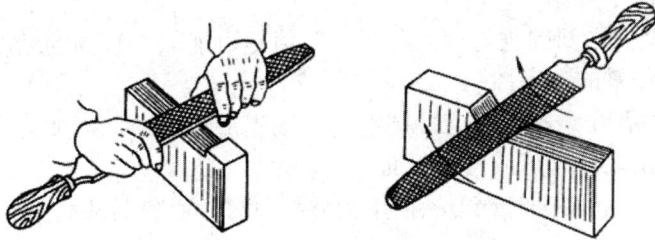

图 6-4　推锉

二、半径样板及圆弧线轮廓度的检测方法

半径样板又称 R 规，一般是成套组成的，其外形如图 6-5 所示，由凸形样板和凹形样板组成，常用的半径样板有 R1～6.5、R7～14.5 和 R15～25 三种。R 规是利用光隙法测量圆弧半径的工具。测量时必须使 R 规的测量面与零件的圆弧面紧密的接触，当测量面与零件的圆弧面之间没有间隙时，零件的圆弧半径则为此时 R 规上所表示的数字。由于是目测，故测量精度不高，只能用于精度要求不高的测量。

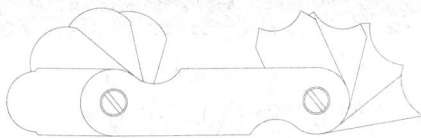

图 6-5　半径样板

圆弧面线轮廓度检测时，用半径样板透光法检查，如图 6-6 所示。半径样板与工件圆弧面间的缝隙均匀、透光微弱，则圆弧面轮廓尺寸、形状精度合格，否则达不到要求。

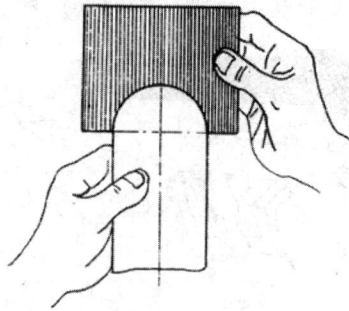

图 6-6　圆弧测量

三、角度的测量方法

　　根据图纸的技术要求，该工件的角度要求为：$90°±5'$ 和 $135°±5'$，主要选择直角尺、万能角度尺进行检测，根据测量角度的范围，利用基尺和直尺进行组合成 $50°～140°$ 范围的角度尺进行测量。

四、角度圆弧加工的要点

　　(1) 各型面加工时，要注意与大平面的垂直度，特别是圆弧面与大平面的垂直度，要控制好锉刀的平衡。

　　(2) 为保证各型面之间的垂直度，各尺寸差值尽可能取得较高的精度。测量时锐边去毛刺、倒钝，保证测量的准确性。

　　(3) 圆弧加工时要注意与平面连接圆滑。一般先加工平面，再加工圆弧，但圆弧锉削时，锉刀转动要防止端部塌角或碰坏平面。

　　(4) 锉削表面较小，加工时锉刀横向用力要控制好，避免局部塌角。精锉时要勤测量、多观察、多分析。

　　(5) 采用软钳口(铜皮或铝皮制成) 保护工件的已加工表面，软钳口放置如图 6-7 所示。

图 6-7　软钳口放置

　　(6) 每一个加工面，都应当倒角，锉出 $(0.2～0.3)×45°$ 的棱边。

[项目实施]

　　圆弧角度块的加工步骤见表 6-1。

表 6-1 圆弧角度块的加工步骤

	项　目	示　范	操作说明
划线	1. 检查材料外形尺寸，划出加工线，用游标卡尺复量		(1) 保证 80±0.05×80±0.05 的外形尺寸 (2) 划线前一定要先加工好一个垂直基准面，以作为划线基准
	2. 加工90°两直角面		(1) 锯削直角二面余料 (2) 粗、精锉二面，达到尺寸40±0.03 与 90°±5′ 满足垂直度、平面度及粗糙度的要求
	3. 加工135°斜面		(1) 锯削斜面余料 (2) 粗、精锉斜面，达到尺寸 135°±5′ 满足平面度、粗糙度等要求
	4. 加工圆弧		粗、精锉 R15 圆弧面，保证圆弧尺寸与轮廓度要求
配合	5. 两人合作配合		进行间隙配合的合作修整，项目评价表中的配合分根据配合情况共得或共扣
检查	6. 精度检验	精加工采用推锉的方法来保证锉削纹理一致，全部精度复检，并作必要修整，锐边去毛刺、倒钝	

[项目评价]

项目完成后需小组两人一起认真填写项目评价表，进行项目总结，项目评价表中的配合分共得或共扣。圆弧角度块加工项目评价表见表6-2。

表 6-2   圆弧角度块加工项目评价表

班级：_____   姓名：_____   学号：_____   成绩：_____

序号		技术要求	配分	评分标准	自检记录	交检记录	得分
1		40±0.03 (2处)	8	每超一处扣5分			
2		80±0.05 (2处)	8	每超一处扣5分			
3		135°±5′	6	超差全扣			
4		R15±0.10	6	超差全扣			
5		⊥ 0.05 A	4	超差全扣			
6		⊥ 0.03 B (8)	8	每超一处扣1分			
7		⊿ 0.03 (8)	8	每超一处扣1分			
8		⌒ 0.10	4	超差全扣			
9		Ra 3.2 (8)	8	每超一处扣1分			
10	配合	间隙≤0.15 (3处)	15	每超一处扣5分			
11		错位量≤0.15(2处)	10	每超一处扣5分			
12		加工工艺	5	不合理酌情扣分			
13		团队意识	5	不密切酌情扣分			
14		安全文明生产	5	不规范酌情扣分			
合　计			100	—	—		

[知识拓展]

H和十字嵌块制作

一、H和十字嵌块

　　H和十字嵌块作为后续项目十中坦克制作装配的子零件，如图6-8所示。学生通过技能拓展，一方面可以巩固和更进一步掌握锯割、小平面锉削的基本技能，初步掌握钳工锉配技能，同时也为后面模型坦克制作完成嵌块零件的制作。

该项目建议采取两人为一小组，一人加工 H 件，一人加工十字件，加工期间注意沟通，保证尺寸与精度，完成后两件进行配合，项目评价表中的配合分共得。

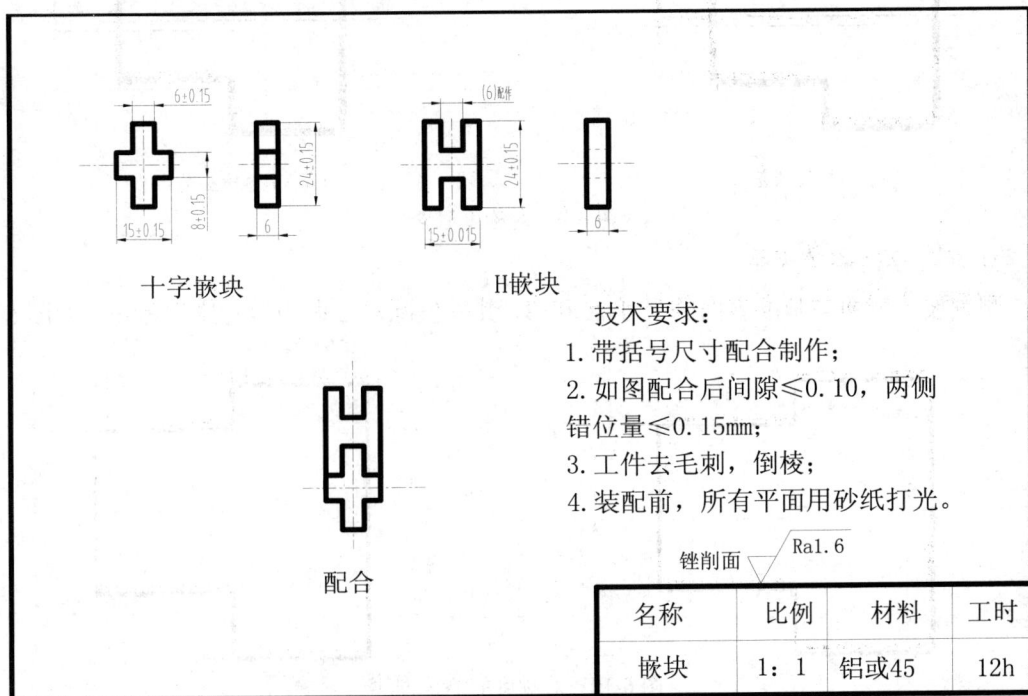

图 6-8　H 和十字嵌块零件的制作与配合图

二、锉配

1. 锉配

定义：通过锉削，使一个零件(基准件) 能放入另一个零件(配合件) 的孔后槽内，且配合精度符合要求。

应用：广泛地应用在机器装配、修理以及工模具的制造上。

2. 锉配原则

锉配工作是先把镶配的两个零件中的一件加工至符合图样要求，再根据已加工好的零件锉配另一件。一般外表面容易加工和测量，所以应先锉好外表面的零件，然后锉配内表面的零件，但在有些情况下也有相反的情况。

3. H 与十字嵌块制作对称度与垂直度的分析

1) 对称度概念

对称度误差是指被测表面的对称平面与基准表面的对称平面间的最大偏移距离 Δ，如图 6-9(a)所示。

对称度公差带是指相对基准中心平面对称配置的两个平行平面之间的区域，两平行面距离 t 即为公差值，如图 6-9(b)所示。

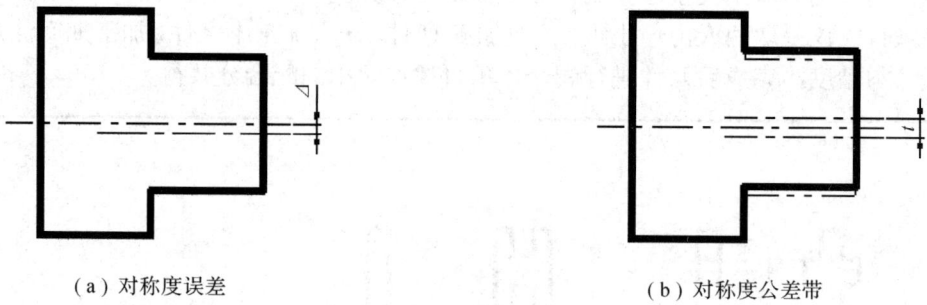

（a）对称度误差 （b）对称度公差带

图 6-9 对称度概念

2) 对称度的测量方法

测量被测表面与基准表面的尺寸 A 和 B，其差值除以 2 即为对称度误差值，如图 6-10 所示。

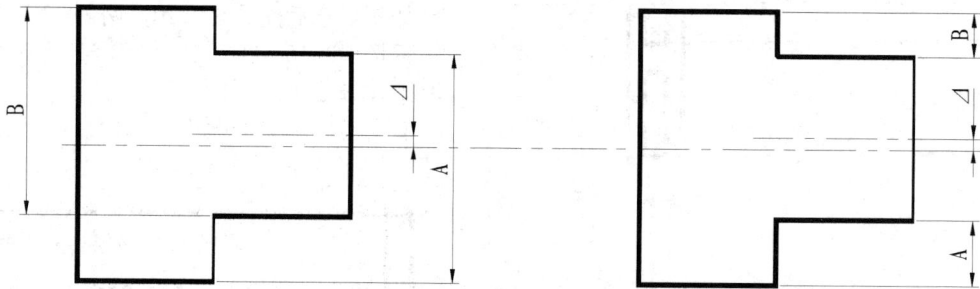

图 6-10 对称度的测量方法

3) 对称形体工件的划线

平面对称形体工件的划线，应在形成对称中心平面的两个基准面精加工后进行。划线基准与两个基准面重合，划线尺寸则按两个对称基准平面间的实际尺寸及对称要素的要求尺寸计算得出。

4) 对称度误差对转位互换精度的影响

当凹、凸件对称度误差都为 0.05 mm，且在一个同方向位置配合达到间隙要求后，得到两侧面平齐，而转位 180° 配合后，就会产生两侧面错位误差，其误差值为 0.1 mm，如图 6-11 所示。

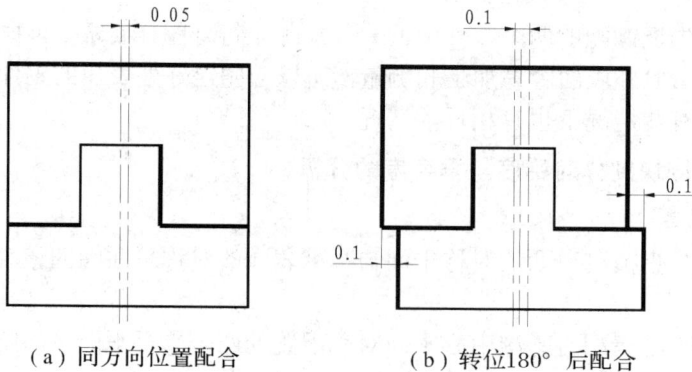

（a）同方向位置配合 （b）转位180° 后配合

图 6-11 对称度误差对转位的影响

5) 垂直度误差对配合间隙的影响

由于凹、凸件各面的加工是以外形为测量基准,因此外形垂直度要控制在最小范围内。同时,为保证配合互换精度,凹、凸件各型面间也要控制好垂直度误差,包括与大平面的垂直度,否则,互换配合后就会出现很大的间隙,如图 6-12 所示。

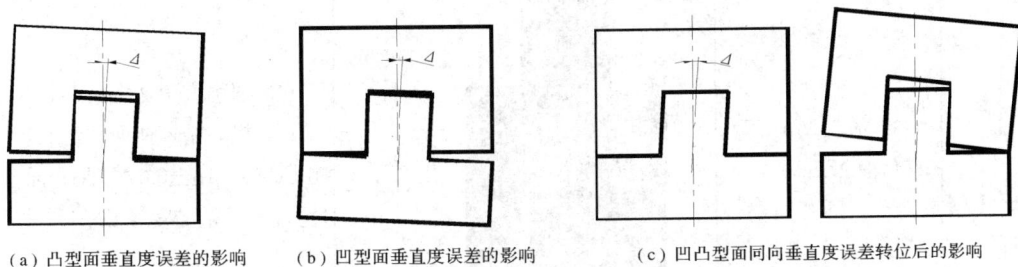

(a) 凸型面垂直度误差的影响   (b) 凹型面垂直度误差的影响   (c) 凹凸型面同向垂直度误差转位后的影响

图 6-12 垂直度误差对配合间隙的影响

三、十字嵌块的加工工艺

十字嵌块的加工工艺见表 6-3。

表 6-3 十字嵌块的加工工艺

	项 目	示 范	操 作 说 明
划线	1. 检查材料外形尺寸,划出加工线		(1) 备料尺寸 25×16×6 (2) 加工保证 24±0.15×15±0.15 的外形尺寸 (3) 划线前一定要先加工好一个垂直基准面作为划线基准
加工	2. 加工 90°两直角面 1		(1) 锯削直角 1 面余料 (2) 粗、精锉二面,达到尺寸 10.5±0.07 与 16±0.07 满足垂直度、平面度以及粗糙度的要求

续表

项　目	示　范	操作说明
加工 3. 加工 90° 两直角面 2		(1) 锯削直角 2 面余料 (2) 粗、精锉两面，达到尺寸 6±0.15、16±0.07 满足平面度、垂直度、粗糙度等要求
4. 加工 90° 两直角面 3		(1) 锯削直角 3 面余料 (2) 粗、精锉两面，达到尺寸 8±0.15、10.5±0.07 满足平面度、垂直度、粗糙度等要求
5. 加工 90° 两直角面 4		(1) 锯削直角 4 面余料 (2) 粗、精锉两面，达到尺寸 8±0.15、6±0.15 满足平面度、垂直度、粗糙度等要求
检查　6. 精度检验，所有表面打光	精加工采用推锉的方法来保证锉削纹理一致，全部精度复检，并作必要修整，锐边去毛刺、倒钝	

四、H 嵌块的加工工艺

H 嵌块的加工工艺见表 6-4。

表 6-4 H 嵌块的加工工艺

项 目		示 范	操作说明
划线	1. 检查材料外形尺寸,划出加工线		(1) 备料尺寸 25×16×6 (2) 加工保证 24±0.15×15±0.15 的外形尺寸 (3) 划线前一定要先加工好一个垂直基准面作为划线基准
加工	2. 去除二处凹槽余料		(1) 采用 45° 斜锯的方法去除两处凹槽面余料,留 0.2～0.3 mm 锉削余量 (2) 中间凸起的三角用粗齿方锉加工去除,留 0.1～0.2 mm 精加工余量
加工	3. 加工 90° 凹槽		精锉第一处凹槽 3 面,使之满足尺寸、垂直度、平面度以及粗糙度的要求
	4. 加工第二处 90° 凹槽		精锉第二处凹槽三面,使之满足尺寸、垂直度、平面度以及粗糙度的要求
配合	5. 配合(双人合作)		用十字嵌块配作修整,达到二件配合间隙≤0.1 mm,错位量≤0.15 mm 要求
检查	6. 精度检验,所有表面打光	精加工采用推锉的方法来保证锉削纹理一致,全部精度复检,并作必要修整,锐边去毛刺、倒钝	

五、嵌块制作项目评价表

项目完成后，认真填写项目评价表，进行项目总结。嵌块制作项目评价表见表 6-5。
评价说明：

(1) 十字嵌块 60 分+配合 25 分+综合素质 15 分=100 分(成员一)。

(2) H 嵌块 60 分+配合 25 分+综合素质 15 分=100 分(成员二)。

表 6-5　嵌块制作项目评价表

班级：_____　　姓名：_____　　学号：_____　　成绩：_____

序号		技术要求	配分	评分标准	自检记录	交检记录	得分
任务一 十字嵌块	1	24±0.15	10	超差全扣			
	2	8±0.15	14	每超一处扣 7 分			
	3	15±0.15	10	每超一处扣 2 分			
	4	6±0.15	14	每超一处扣 7 分			
	5	Ra1.6(12)	12	每超一处扣 1 分			
任务二 H 嵌块	6	24±0.15	10	超差全扣			
	7	15±0.15	10	超差全扣			
	8	8±0.15	14	每超一处扣 7 分			
	9	6±0.15	14	每超一处扣 7 分			
	10	Ra1.6(12)	12	每超一处扣 1 分			
配合	11	间隙≤0.10 (5 处)	15	每超一处扣 3 分			
	12	配合错位量≤0.15(2 处)	10	每超一处扣 5 分			
	13	加工工艺	5	不合理酌情扣分			
	14	团队意识	5	不密切酌情扣分			
	15	安全文明生产	5	不规范酌情扣分			
合　计			100	—	—		

项目七 孔 加 工

[项目图样]

本项目孔加工图纸(阶梯孔加工图如图 7-1 所示。螺纹底孔加工图如图 7-2 所示)。

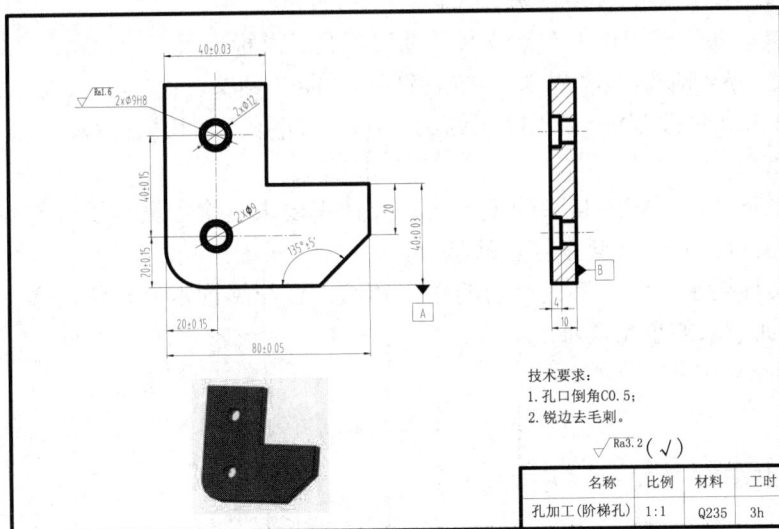

图 7-1 阶梯孔加工图

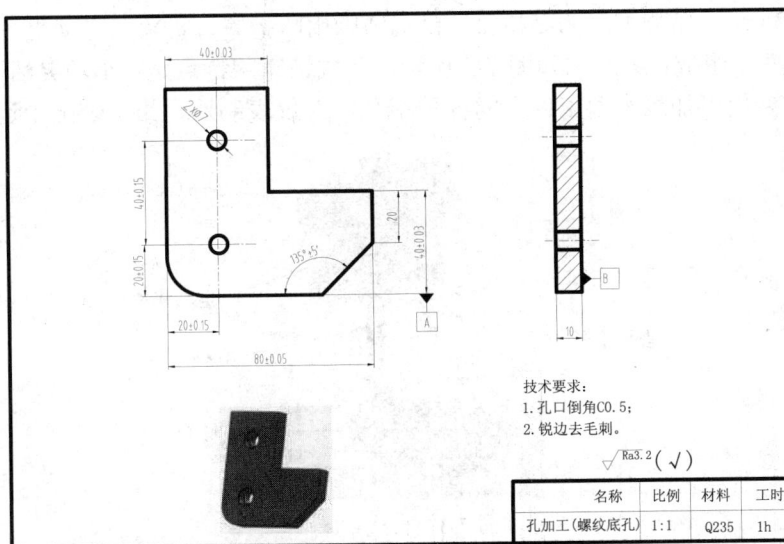

图 7-2 螺纹底孔加工图

[项目简介]

本项目主要介绍钻孔、扩孔、锪孔、铰孔的加工方法，使学生了解常用孔加工设备、孔加工所需使用夹持工具与辅助工具，掌握孔加工操作要领，以及常用麻花钻的刃磨方法，并学会举一反三，分析与解决在加工过程中出现的各种问题。

学生通过对项目六中完成的角度圆弧台阶件进行分组加工，两人一小组，每位同学分别加工一个阶梯孔和一个螺纹底孔，为下一个项目中螺纹加工的学习做好准备。

[项目准备]

(1) 材料准备：台阶圆弧角度块 2 件。

(2) 工量具准备：常用锉刀、钢皮尺、划线工具、游标卡尺、刀口角尺、高度划线尺、25～50 千分尺、$\phi 4$ 钻头、$\phi 7$ 钻头、$\phi 7.8$ 钻头、$\phi 8.7$ 钻头、$\phi 7$ 钻头、$\phi 12$ 钻头、$\phi 12$ 柱形锪钻($\phi 12$ 麻花钻改制)、$\phi 8H7$ 机铰刀、$\phi 9H7$ 机铰刀、长柄刷等。

(3) 实训准备：

① 领用工量具，了解工量具的使用方法及使用要求，将工量具摆放整齐；实训结束时按工具清单清点工具，并交指导教师验收。

② 熟悉实训要求。复习有关锉削的理论知识，详细阅读本书相关内容，在实训过程中认真掌握实训要求的重点及难点内容。

[知识储备]

一、钻床及其附件

1. 钻床

(1) 台式钻床。简称台钻，是一种安放在作业台上、主轴垂直布置的小型钻床，最大钻孔直径为 13 mm，常用型号为 Z4012。台式钻床由防护罩、机头、电动机、主轴、进给手柄、立柱、底座组成，其结构如图 7-3 所示。台式钻床的特点是：小巧灵活，使用方便，结构简单，主要用于加工小型工件上的各种小孔。在仪表制造、钳工装配中运用较多。

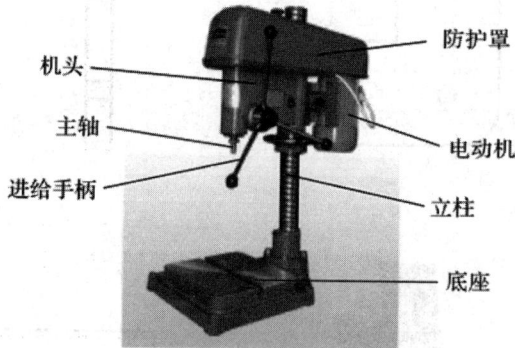

图 7-3　台式钻床

(2) 立式钻床。立式钻床简称立钻，是一种应用广泛的孔加工机床，最大钻孔直径可达 50 mm，常用型号为 Z525。立式钻床由电动机、主轴变速箱、进给箱、进给手柄、主轴、立柱、工作台和底座组成，其结构如图 7-4 所示。立式钻床的特点是：刚性好、功率大，因而允许钻削较大的孔，生产率较高，加工精度也较高。它可用来进行钻孔、扩孔、镗孔、铰孔、攻螺纹和锪端面等，适合在单件、小批量生产中加工中、小型零件。

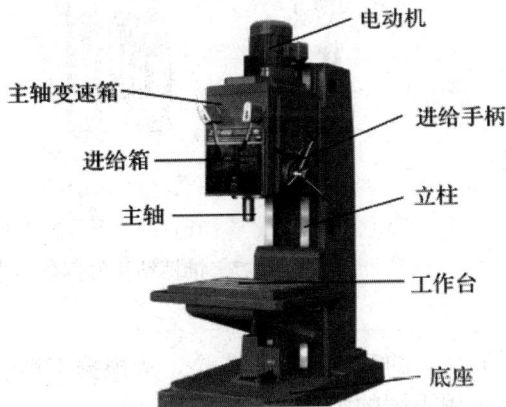

图 7-4 立式钻床

(3) 摇臂钻床。摇臂钻床适用于一些笨重的大工件以及多孔工件的加工。它是靠移动钻床的主轴来对准工件上孔中心的，所以加工时比立式钻床方便。常用型号为 Z3063。摇臂钻床由主电动机、主轴箱、摇臂、主轴、工作台、立柱、冷却系统和底座组成，其结构如图 7-5 所示。摇臂钻床的特点是：刚性好、功率更大，摇臂可作 360°转动，生产效率高，加工精度也较高。它可用来对大、中型工件在同一平面内、不同位置的多孔系进行钻孔、扩孔、锪孔、镗孔、铰孔、攻螺纹和锪端面等。

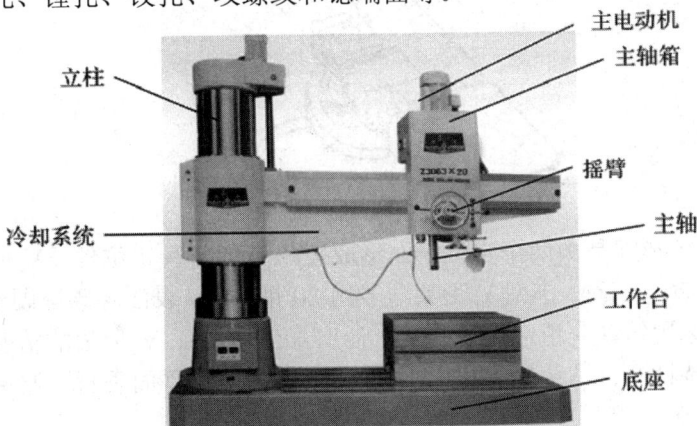

图 7-5 摇臂钻床

2. 钻夹头与钻套

(1) 钻夹头。钻夹头用于装夹直柄钻头。钻夹头柄部是圆锥面，可与钻床主轴内孔配合安装；头部三个爪可通过紧固扳手转动使其同时张开或合拢，如图 7-6 所示。

(2) 钻套。钻套又称过渡套筒，用于装夹锥柄钻头。钻套一端孔安装钻头，另一端外锥面接钻床主轴内锥孔。根据锥柄钻头的大小选择不同型号的钻套，锥柄钻头的拆装及锥套用法如图 7-7 所示。

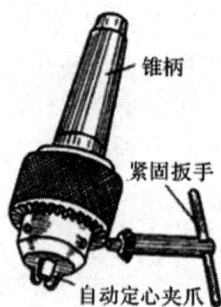

图 7-6　钻夹头

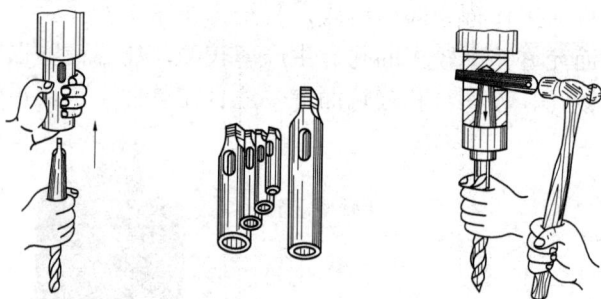

(a) 装锥柄钻　　(b) 各种型号的锥套　　(c) 拆锥柄钻

图 7-7　锥柄钻头的拆装及锥套用法

3. 钻孔辅件

工件在钻孔时，为保证钻孔的质量和操作安全，应根据工件的不同形状和切削力的大小，利用各种钻孔辅件，采用不同的装夹方法进行加工。

(1) 机用平口钳。机用平口钳夹持工件钻孔如图 7-8 所示，在平整的工件上进行钻孔，一般采用机用平口钳夹持，工件底部垫上垫铁，空出钻孔部位，以免钻坏平口钳。机用平口钳分为一般平口钳和精密平口钳。精密平口钳四面相互垂直，四面都可以作为划线或钻孔基准，因此在精密孔加工中得到广泛应用。

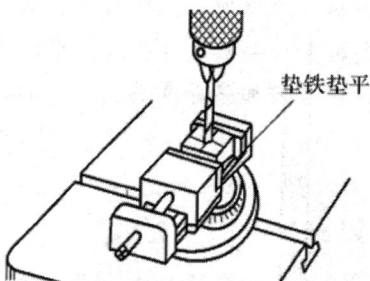

图 7-8　机用平口钳夹持工件钻孔

(2) V 形架。V 形架是由两个定位平面形成夹角 α 的一种定位件。V 形架的标准夹角 α 有 60°、90°、120° 三种。小型 V 形架一般用 20 钢制造，表面渗碳淬硬至 60～64HRC。规格较大的 V 形架用铸铁制造，通过刮削、研磨加工来保证 V 形架的精度。一般轴类零件利用 V 形架夹持钻孔，钻头轴心线必须与 V 形铁的对称平面垂直，避免出现钻孔不对称的现象，如图 7-9 所示。

图 7-9　利用 V 形架钻孔

(3) 手虎钳。当所需钻孔的工件规格较小或材料较薄且孔径较大，无法用平口钳进行装夹时，可以利用手虎钳夹持工件，工件下端垫木块或铸铁块，然后进行钻孔，如图7-10所示。

(4) 压板及弯板。压板与弯板由铸铁或钢制成，压板与弯板都加工有槽和螺纹孔，用途是用来固定形状复杂的、大型的或在平口钳上不好装夹的工件，如图7-11和图7-12所示。

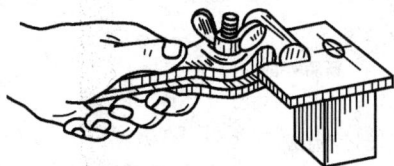

图 7-10 利用手虎钳夹持钻孔

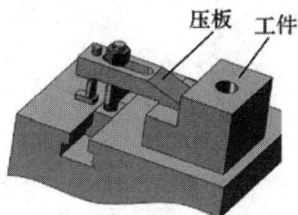

图 7-11 利用压板夹持钻孔

(5) 三爪自定心卡盘。在圆柱形工件端面钻孔，可用三爪自定心卡盘进行装夹，如图7-13所示。

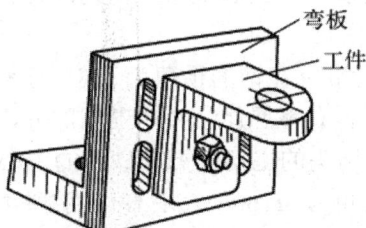

图 7-12 利用弯板夹持钻孔

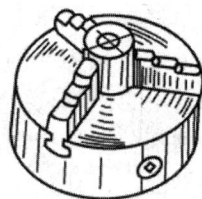

图 7-13 利用三爪自定心卡盘夹持钻孔

二、麻花钻

1. 标准麻花钻

标准麻花钻是钻孔常用的工具，简称麻花钻或钻头，一般用高速钢(W18Cr4V 或 W9Cr4V2) 制成，淬火后硬度为 62～68HRC。

钻头的结构。钻头分直柄和锥柄两种。一般直径小于 13 mm 的钻头做成直柄，直径大于 13 mm 的钻头做成锥柄。直柄麻花钻结构如图7-14所示，锥柄麻花钻结构如图7-15所示。

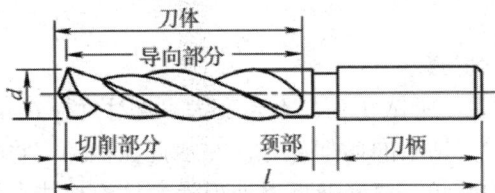

图 7-14 直柄麻花钻结构

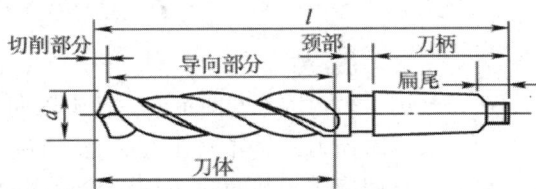

图 7-15 锥柄麻花钻结构

麻花钻柄部是钻头的夹持部分，用来定心和传递动力。颈部是在磨制钻头时供砂轮退刀用的，钻头的规格、材料和商标一般也刻印在颈部。麻花钻的工作部分又分为切削部分和导向部分，标准麻花钻的切削部分(如图7-16所示) 由五刃(两条主切削刃、两条副切削刃和一条横刃) 和六面(两个前刀面、两个后刀面和两个副后刀面) 组成。

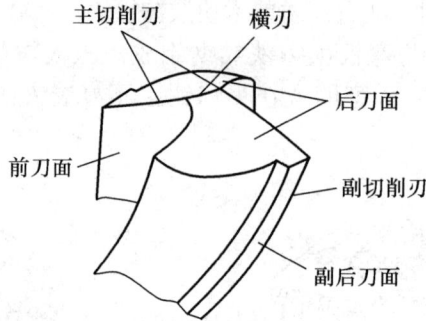

图 7-16　麻花钻切削部分构成

2. 钻头的刃磨与检查

1) 钻头的刃磨

机械加工经常要进行钻孔，孔的质量取决于钻头的刃磨质量，如遇刃磨不好的钻头，钻出的孔则会出现孔不圆甚至呈现多边形、孔壁粗糙或钻不进的现象。因此，刃磨钻头是钳工必须要掌握的一项重要技能。

钻头的刃磨是只刃磨两个后刀面，要保证顶角(标准麻花钻的顶角为 118°±2°)、后角、横刃倾斜角的正确。钻头刃磨时，如图 7-17 所示，右手握住钻头的工作部分，食指要尽量靠近切削部分以作为摆动钻头的支点，同时，将钻头的主切削刃与砂轮的中心平面放置在同一水平面内，让钻头的轴线与砂轮圆柱面成夹角为 Φ(60°左右)。右手握住钻头使其绕轴线转动，使钻头整个后刀面都能磨到，左手握住柄部作上下弧形摆动，两手动作的配合应协调、自然，使钻头磨出正确的后角。当刃磨完一边后再转 180°刃磨另一边。刃磨刃口时磨削量要小，随时将钻头浸入水中冷却，以防切削部分过热而退火。

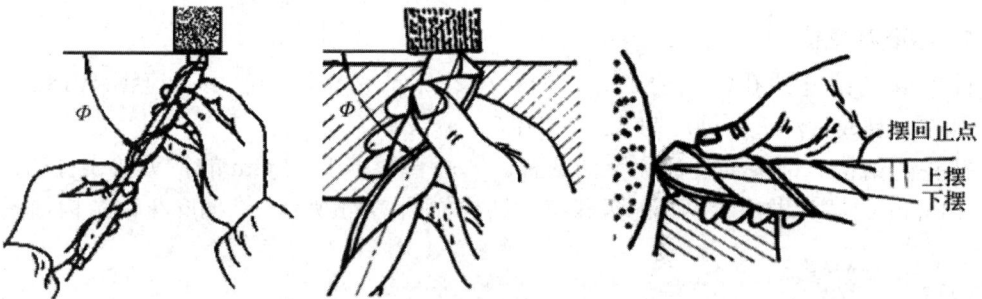

图 7-17　钻头的刃磨

在刃磨钻头后，为了方便定心、减少轴向力，使所钻孔孔径不至变大，要对直径 6 mm 以上的钻头修磨横刃。具体操作方法是：右手握住钻头的切削部分，左手握住柄部，将钻头的后刀面与螺旋槽相邻的棱边靠近砂轮侧面的圆角，使磨削点由外刃沿着这条棱线逐渐平移到钻头的轴线，一直磨到切削刃的前面，磨短横刃磨出内刃，然后转 180°，再磨另一侧，最后的横刃长度是原来的 1/3 到 1/5 左右，修磨后形成内刃，钻头修磨横刃后的效果如图 7-18 所示。

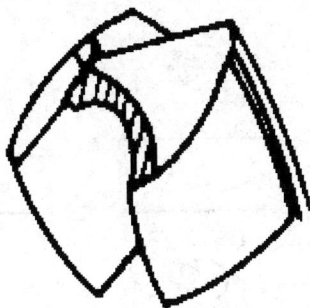

图 7-18 钻头修磨横刃后效果图

2) 标准麻花钻刃磨后的检查

(1) 检查顶角 2Φ 的大小是否正确、与钻头的轴线是否对称。钻较硬的材料时，麻花钻顶角刃磨可大于 120°；钻较软的材料时，顶角刃磨可小些，但不要小于 90°。

(2) 检查两主切削刃是否对称、长度是否一致。检查时，把钻头切削部分向上竖立，两眼平视，并反复旋转 180°，可以找到钻头的中心轴线，在旋转中观察钻头的两主切削刃的长短，一般低的那一端是长边，如有不一致的，可单独对短边进行修磨。

(3) 目测钻头外缘处的后角 α 为 8°～14°，具体判别方法如图 7-19 所示。

(4) 检查横刃斜角 Φ(50°～55°)是否正确。可加工一个如图 7-20 所示的样板工具，辅助对标准 118° 钻头顶角的检查，两主切削刃是否对称、后角是否正确，检查横刃倾斜角是否在 50°～55° 之间。

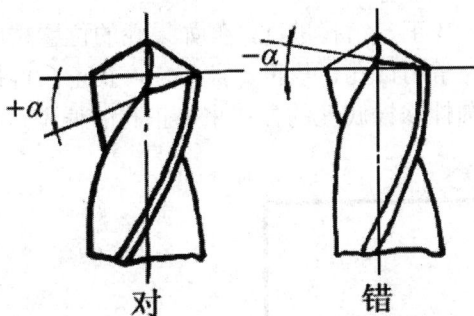

图 7-19 外缘处的后角检查判别

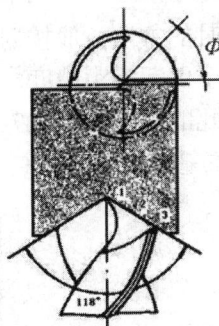

图 7-20 标准麻花钻利用样板工具检查

三、钻孔方法——钻孔、扩孔、锪孔和铰孔的方法

1. 钻孔

1) 起钻

钻孔前，在工件钻孔中心位置用样冲冲出冲眼，划校正圆或校正框，以利找正。钻孔时，先使钻头对准钻孔中心轻钻出一个浅坑，观察钻孔位置是否正确，如有误差，及时校正，使浅坑与中心同轴。借正方法是：如位置偏差较小，可在起钻同时用力将工件向偏移的反方向推移，逐步借正；当位置偏差较大时，可在借正方向打上几个样冲眼或錾出几条槽(如图 7-21 所示)，以减少此处的钻削阻力，达到借正的目的。

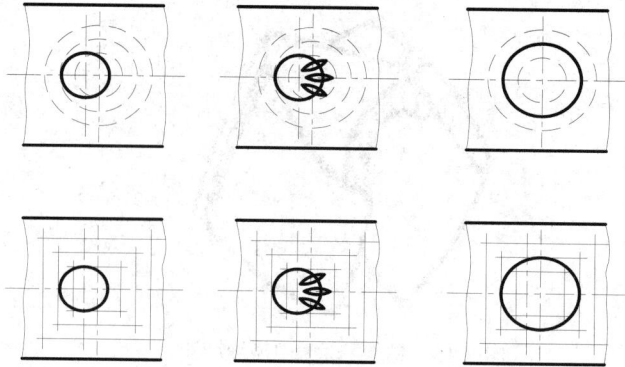

图 7-21　起钻偏位校正

2) 钻孔操作

当起钻达到钻孔位置要求后，即可进行钻孔。

(1) 进给时用力不可太大，以防钻头弯曲，使钻孔轴线歪斜。

(2) 钻深孔或小直径孔时，进给力要小，并经常退钻排屑，防止因切屑阻塞而折断钻头。

(3) 孔将钻通时，进给量必须减小，因为当钻尖将要钻穿工件材料时，轴向阻力突然减少，由于钻床进给机构的间隙和弹性变形的恢复，将使钻头以很大的进给量自动切入，以致钻头折断或工件随钻头转动而造成事故。

3) 孔钻偏后的修正方法

钻孔时的方法一般按划线、打样冲眼、找正、钻孔进行，但如果孔的位置精度要求较高时，为了保证孔距精度，在实际加工中经常用钻孔、找正、扩孔、再找正、再扩孔的方法来借正孔的位置。如图 7-22 所示，用小圆锉修锉底孔的方法来修正孔的偏歪，通过扩孔来借正孔位置。

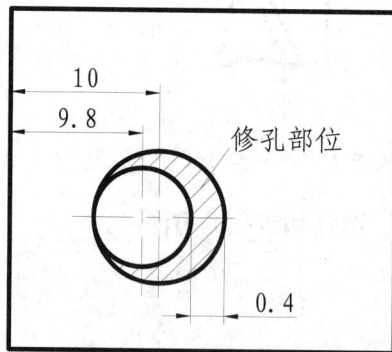

图 7-22　修孔的方法示例

4) 钻孔时的切削液

钻孔时应加注足够的切削液，以达到钻头散热、减少摩擦、消除积屑瘤、降低切削阻力、提高钻头寿命和改善孔的表面质量的目的。钻削不同的材料应选用不同的切削液，可参考表 7-1。

表 7-1　钻削各种材料的切削液

工 件 材 料	冷 却 润 滑 液
各类结构钢	3%～5%乳化液，7%硫化乳化液
不锈钢、耐热钢	3%肥皂加 2%亚麻油水溶液，硫化切削液
纯铜、黄铜、青铜	不用，5%～8%乳化液
铸铁	不用，5%～8%乳化液，煤油
铝合金	不用，5%～8%乳化液，煤油，煤油与菜油的混合油
有机玻璃	5%～8%乳化液，煤油

5) 钻孔时常见缺陷分析

钻孔中经常出现的问题及产生的原因见表 7-2。

表 7-2　钻孔常见缺陷分析

出现的问题	产生的原因
孔径大于规定尺寸	(1) 钻头两切削刃长度不等，高低不一致 (2) 钻床主轴径向偏摆或工作台未锁紧或有松动 (3) 钻头本身弯曲或装夹不好，使钻头有过大的径向圆跳动现象
孔壁表面粗糙	(1) 钻头两切削刃不锋利 (2) 进给量太大 (3) 切屑堵塞在螺旋槽内，擦伤孔壁 (4) 切削液供应量不足或选用不当
孔的轴线歪斜	(1) 钻孔平面与钻床主轴不垂直 (2) 工件装夹不牢，钻孔时产生歪斜 (3) 工件表面有气孔、砂眼 (4) 进给量过大，使钻头产生变形
孔不圆，孔呈多棱形	(1) 钻头两切削刃不对称 (2) 钻头后角过大
钻头寿命低或折断	(1) 钻头磨损还在继续使用 (2) 切削用量选择过大 (3) 钻孔时没有及时退屑，使切屑阻塞在钻头螺旋槽内 (4) 工件未夹紧，钻孔时产生松动 (5) 孔将钻通时没有减小进给量 (6) 切削液供给不足

2. 扩孔

扩孔是用扩孔钻对工件上已有的孔进行扩大加工，如图 7-23 所示。扩孔可以作为孔的半精加工和铰孔前的预加工。扩孔后，孔的尺寸精度可达到 IT9～IT10，表面粗糙度可达到 Ra12.5～3.2 μm。

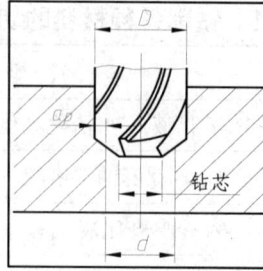

图 7-23　扩孔

扩孔时的切削深度 a_p 按下式计算

$$a_p = \frac{D-d}{2}$$

式中：D 为扩孔后直径，单位为 mm；　d 为预加工孔直径，单位为 mm。

1) 扩孔钻

实际生产中，扩孔钻多用于成批大量生产。小批量生产中常用麻花钻代替扩孔钻使用。扩孔钻按切削部分材料可分为高速钢扩孔钻和硬质合金扩孔钻；按刀体结构可分为整体式和镶片式；按柄部结构可分为直柄、锥柄。扩孔时的进给量一般为钻孔的 1.5～2 倍，切削速度为钻孔时的 1/2。

2) 扩孔操作

(1) 用麻花钻扩孔，扩孔前钻孔直径为 0.5～0.7 倍的要求孔径；用扩孔钻扩孔，扩孔前钻孔直径为 0.9 倍的要求孔径。

(2) 钻孔后，在不改变钻头与机床主轴相互位置的情况下，应立即换上扩孔钻进行扩孔，使钻头与扩孔钻的中心重合，保证加工质量。

3. 锪孔

1) 锪孔钻

用锪孔刀具在孔口表面加工出一定形状的孔或表面的加工方法，称为锪孔。锪孔可分为锪圆柱形沉孔、锪锥形埋头孔(60°，75°，90°，120°)和锪凸台平面等几种形式。如图 7-24 所示。锪孔钻可用麻花钻磨制。

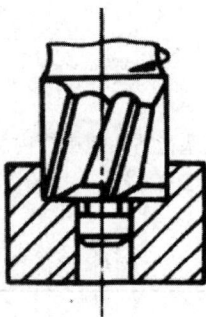
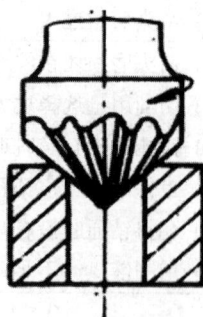
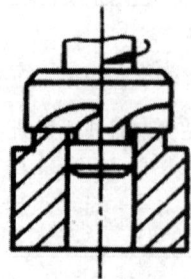

(a)柱形锪钻锪圆柱形沉孔　　　　(b)锥形锪钻锪锥形埋头孔　　　　(c)端面锪钻锪凸台平面

图 7-24　锪孔形式

2) 锪孔操作

(1) 用麻花钻改制的锪钻要尽量短，以减少振动，并适当减小锪钻的后角和外缘处的前角，以防产生扎刀现象。钻头改磨锥形锪钻和麻花钻改制的柱形锪钻如图 7-25 和图 7-26 所示。

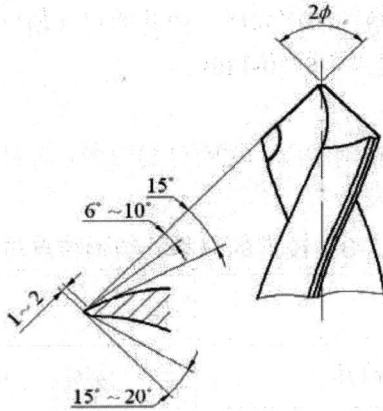

图 7-25　钻头改磨锥形锪钻

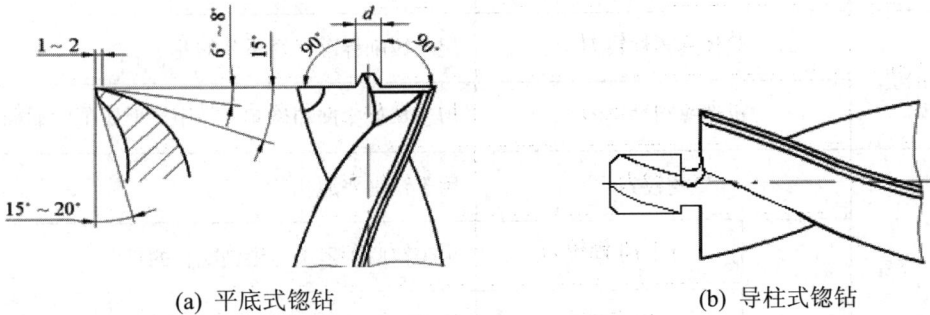

(a) 平底式锪钻　　　　　　　　　(b) 导柱式锪钻

图 7-26　麻花钻改制的柱形锪钻

(2) 锪孔切削速度应比钻孔低(一般锪孔速度是钻孔速度的 1/2～1/3)。在精锪时可利用停车后钻轴的惯性来锪孔，以减少振动而获得光滑的表面。

(3) 锪钢件时，要在导柱和切削表面加些机油或黄油润滑。锪钻的刀杆和刀片都要装夹牢固，工件要夹紧。

(4) 使用麻花钻改制的柱形锪钻，锪柱形埋头孔，锪孔方法如图 7-27 所示。

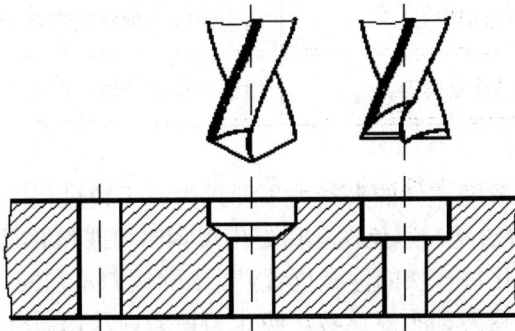

图 7-27　麻花钻改制锪钻锪柱形埋头孔方法

4. 铰孔

用铰刀从工件孔壁上切除微量的金属层，以提高孔的尺寸精度和降低表面粗糙度的加工称为铰孔，如图 7-28 所示。铰孔工序安排在孔半精加工(扩孔)后。按孔的精度要求不同，铰孔可通过一次铰削完成，或分粗铰、精铰两次完成。铰孔的尺寸精度可达 IT9～IT7，表面粗糙度 Ra 值为 1.6～0.4 μm。

1) 铰刀的分类

铰刀通常由高速钢或高碳钢制成，它的种类很多，各种铰刀的分类、结构特点与应用见表 7-3。

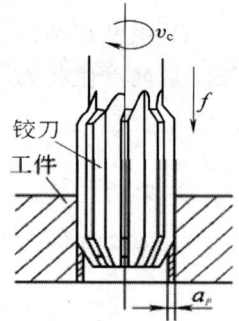

图 7-28　铰孔

表 7-3　铰刀的分类、结构特点与应用

分　类			结构特点与应用
按使用方法		手用铰刀	工作部分较长，切削锥度较小
		机用铰刀	工作部分较短，切削锥度较大
按结构		整体式圆柱铰刀	用于铰削标准直径系列的孔
		可调式圆柱铰刀	用于单件生产和修配工作中需要铰削的非标准孔
按外部形状		直槽铰刀	用于铰削普通孔
	锥铰刀	1∶10 锥铰刀	用于铰联轴器上与锥销配合的锥孔
		莫式铰刀	用于铰削 0～6 号莫式锥孔
		1∶30 锥铰刀	用于铰削套式刀具上的锥孔
		1∶50 锥铰刀	用于铰削圆锥定位销孔
		螺旋槽铰刀	用于铰削有键槽的内孔
按切削部分材料		高速钢铰刀	用于铰削各种碳钢或合金钢
		硬质合金铰刀	用于高速或硬材料铰削

2) 铰削的操作

(1) 工件要夹正，对薄壁零件的夹紧力不要过大。手铰过程中，两手用力要均衡，旋转速度要均匀，铰刀不得摇晃，避免在孔口处出现喇叭口或将孔径扩大。

(2) 手铰时要注意变化每一次的停歇位置，以消除铰刀常在同一处停歇而造成的振痕。

(3) 铰孔时不论进、退刀都不能反转，防止刃口磨钝及切屑轧在孔壁与刀齿后刀面之间，将孔壁拉毛。

(4) 手铰时，要轻压铰杠，使铰刀缓慢引进孔内并均匀进给，以保证达到表面粗糙度的要求。

(5) 铰削钢料时，要注意清洁粘在刀齿上的切屑，并用磨刀石修光切削刃。

(6) 铰削过程中如果铰刀被卡住，不能用力扳转铰杠，应取出铰刀，清除切屑，加注切削液后再缓慢进给。

(7) 机铰时切削速度和进给量要选择的适当，注意检查机床主轴、铰刀和孔之间的同轴度是否符合要求，机铰完成后，要在铰刀退出后再停车，否则孔壁会留有刀痕。

3) 铰削余量

铰削余量过小，铰削过程中会打滑，孔径扩大，铰刀刃易钝。铰削余量过大，使铰削力和产生的热量增大，影响加工质量。铰削余量可参考表 7-4。

表 7-4 铰削余量的选择

mm

铰刀直径	<8	8~20	21~32	33~50	51~70
铰削余量	0.1	0.15~0.25	0.25~0.3	0.35~0.5	0.5~0.8

4) 铰孔切削液

为了及时清除切屑和降低切削温度，必须合理使用切削液。铰孔切削液的选用见表 7-5。

表 7-5 铰孔切削液的选用

工 件 材 料	切 削 液
钢材	(1) 10%~20%乳化液 (2) 铰孔精度要求较高时，采用 30%菜油加 70%乳化液 (3) 高精度铰孔时，用菜油、柴油、猪油
铸铁	(1) 可以不用 (2) 煤油，但会引起孔径缩小，最大收缩量可达 0.02~0.04 mm (3) 低浓度乳化液
铜	(1) 2 号锭子油 (2) 菜油
铝	(1) 2 号锭子油 (2) 2 号锭子油与蓖麻油的混合油 (3) 煤油与菜油的混合油

5) 铰孔缺陷分析

铰孔时，如果铰刀质量不好、铰削用量选择不当、切削液使用不当、操作疏忽等都会产生废品，具体分析见表 7-6。

表 7-6　铰孔缺陷分析

缺 陷 形 式	产 生 原 因
加工表面粗糙度超差	(1) 铰孔余量留得不当 (2) 铰刀刃口有缺陷 (3) 切削液选择不当 (4) 切削速度过高 (5) 铰孔完成后反转退刀
孔壁表面有明显棱面	(1) 铰孔余量留得过大 (2) 底孔不圆
孔径缩小	(1) 铰刀磨损，直径变小 (2) 铰铸铁时未考虑尺寸收缩量 (3) 铰刀已钝
孔径扩大	(1) 铰刀规格选择不当 (2) 切削液选择不当或量不足 (3) 手铰时两手用力不均 (4) 铰削速度过高 (5) 机铰时，主轴偏摆过大或铰刀中心与钻孔中心不同轴 (6) 铰锥孔时，铰孔过深

［项目实施］

　　圆弧角度块台阶孔的加工步骤见表 7-7。$\phi 7$ 螺纹底孔加工方法与表 7-7 中项目 1、2、3 的步骤相同，$\phi 8.7$ 钻头换为 $\phi 7$ 就可以加工完成。

表 7-7　圆弧角度块台阶孔加工步骤

	项　目	示　范	操作说明
划线	1. 检查材料外形尺寸，划出孔位线		划出正确的孔位线，线条清晰，在十字中心点上，样冲敲准
加工	2. 钻预孔		在 $\phi 9$ 孔位处用 $\phi 3$ 或 $\phi 4$ 钻头钻预孔，保证孔距要求，如发现超差，方便及时进行修正

项 目	示 范	操作说明
加工	3. 扩孔		确定预孔位置正确后，因 $\phi 9$ 孔后道工序还需铰孔，所以在 $\phi 4$ 的预孔上，用 $\phi 8.7$ 麻花钻进行扩孔
	4. 锪钻锪出平底孔		用 $\phi 12$ 柱形锪钻锪出平底孔，达到深度 4 mm 的要求
	5. 铰孔		用 $\phi 9$ 铰刀铰削 $\phi 9$ 圆柱孔，检测孔径与孔距，孔口倒角
检查	6. 精度检验，所有表面打光	全面检查，作必要修整，锐边去毛刺、倒棱	

[**项目评价**]

项目完成后需小组两人一起认真填写项目评价表，进行项目总结，圆弧角度块孔加工项目评价表见表7-8。分值为50分，与项目八的螺纹加工合成100分。

表 7-8 圆弧角度块孔加工项目评价表

班级：＿＿＿＿＿　　姓名：＿＿＿＿＿　　学号：＿＿＿＿＿　　成绩：＿＿＿＿＿

序号		技术要求	配分	评分标准	自检记录	交检记录	得分
1	阶梯孔	$\phi 9H8$ Ra1.6(2 处)	4	超差一处扣 2 分			
2		$\phi 12$ 孔深 4 (2 处)	4	超差一处扣 2 分			
3		20±0.15(2 处)	4	超差一处扣 2 分			
4		40±0.15	7	超差一处扣 4 分			

续表

	序号	技术要求	配分	评分标准	自检记录	交检记录	得分
5	螺纹底孔	$\phi7$(2处)	8	超差一处扣4分			
6		20±0.15(2处)	4	超差一处扣2分			
7		40±0.15(2处)	4	超差一处扣1分			
8		加工工艺	5	不合理酌情扣分			
9		团队意识	5	不密切酌情扣分			
10		安全文明生产	5	不规范酌情扣分			
合　计			50	—	—	总成绩：	

[知识拓展]

群钻与特殊孔的加工

一、群钻

群钻又叫倪志福钻头，是钳工老前辈在实践变革的基础上，利用标准麻花钻经合理刃磨而成的一种效率高、寿命长、加工质量好的钻头。其中标准群钻应用最广，主要用来钻削钢材(碳钢和各种合金结构钢)，同时又是其他群钻变革的基础。

1. 标准群钻

标准群钻主要是用来钻削碳钢和各种合金钢的。其结构特点为：三尖七刃、两种槽。三尖是由于在后刀面上磨出了月牙槽，使主切削刃形成三个尖；七刃是指两条外刃、两条内刃、两条圆弧刃和一条横刃；两种槽是指月牙槽和单面分屑槽。标准群钻如图7-29所示。

标准群钻的优点如下：

(1) 锋角从118°到140°，增加了轴向前角，改善出屑。

(2) 切削时在孔的底部形成圆凸箍，提高了孔的加工的直线性和稳定性。

(3) 缩小横刃，减小了轴向切削力。

(4) 降低了横刃的高度。

(5) 利于断屑。

(6) 减小钻心处的负值。

(7) 增加切削刃的长度。

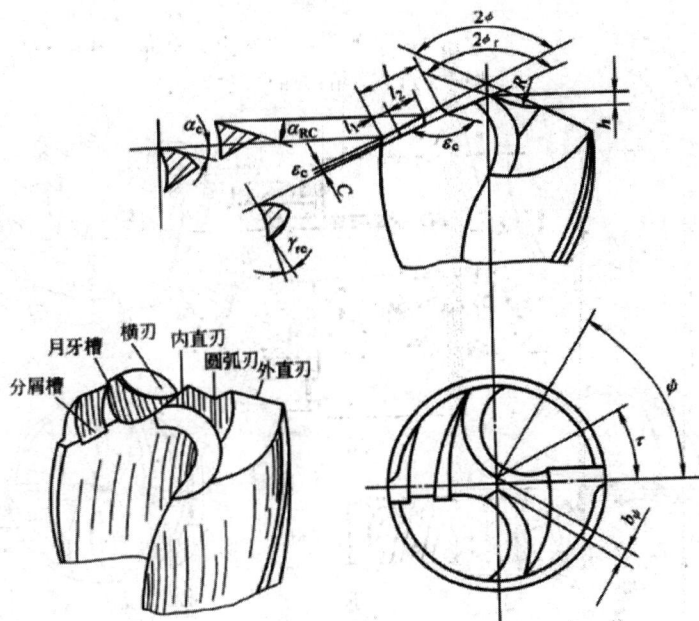

图 7-29　标准群钻

2. 几种常用的群钻刃型

(1) 精孔扩孔钻头刃型如图 7-30 所示。

(2) 钻薄钢板钻头刃型如图 7-31 所示。

(3) 钻不锈钢钻头刃型如图 7-32 所示。

(4) 钻铝合金钻头刃型如图 7-33 所示。

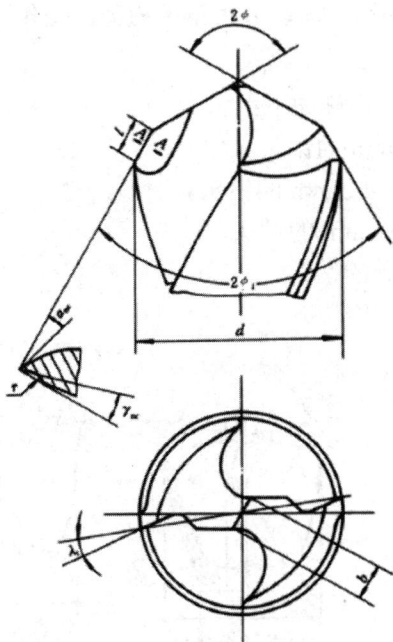

图 7-30　精孔扩孔钻头

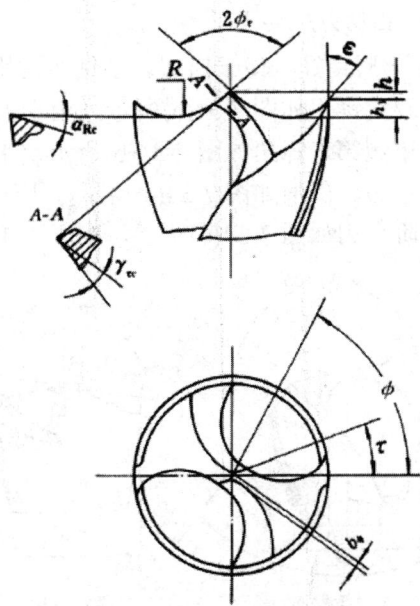

图 7-31　钻薄钢板钻头

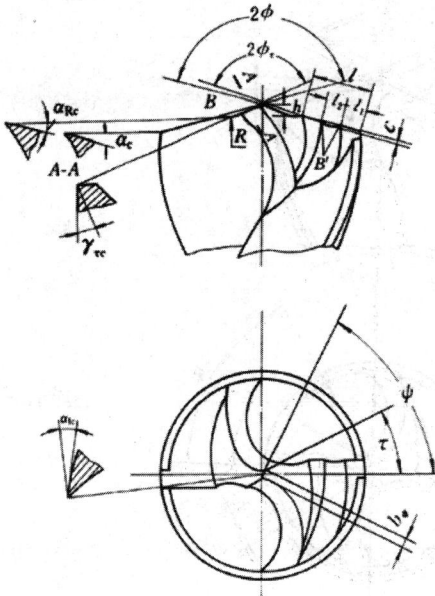

图 7-32　钻不锈钢钻头　　　　图 7-33　钻铝合金钻头

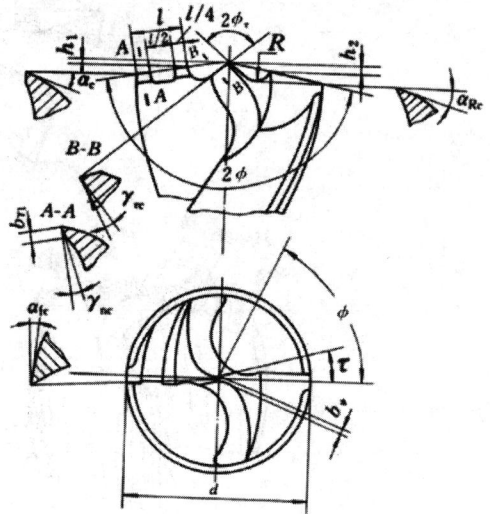

二、特殊孔的钻削

1. 钻小孔

1) 钻小孔的加工特点

钻孔直径小；排屑困难，钻头容易折断；切削液很难注入切削区，刀具冷却润滑不良，使用寿命降低；刀具重磨困难，直径小于 1 mm 的钻头需在放大镜下刃磨，操作难度大。

2) 小孔钻刃磨要点

要求分屑良好，便于出屑。小钻头常用的分屑措施如下：

(1) 双重锋角如图 7-34(a)所示，用于大于 ϕ2 mm 的钻头。

(2) 单边第二锋角如图 7-34(b)所示，用于大于 ϕ2 mm 的钻头。

(3) 单边分屑槽如图 7-34(c)所示，用于大于 ϕ3 mm 的钻头。

(4) 阶台刃如图 7-34(d)所示，用于大于 ϕ3 mm 的钻头。

(a) 双重锋角　　　(b) 单边第二锋角　　　(c) 单边分屑槽　　　(d) 阶台刃

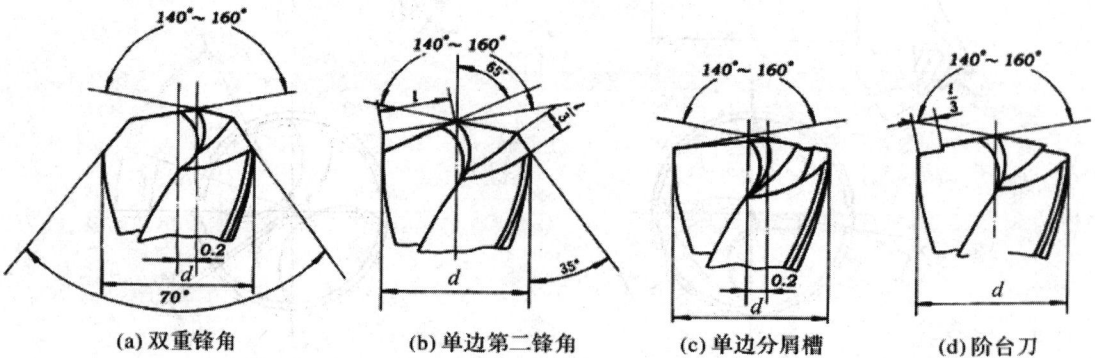

图 7-34　小钻头分屑措施

3) 钻小孔要点

(1) 要选择精度高的钻床、钻夹头和合理的转速。一般情况下，直径为 2～3 mm 时，转速可选 1500～2000 r/min；钻头直径小于 1 mm 时，转速可选 2000～3000 r/min 甚至更高。

(2) 尽量用短而刚性较好的钻头，以提高钻孔的生产率和钻头的耐用度。起钻时，进给力要小，防止钻头弯曲和滑移，以保证起钻的正确位置。

(3) 进给时要控制好手劲的感觉，钻削阻力不正常时要立即停止进给，以防钻头折断。钻削过程中应经常提钻排屑，并加注切削液冷却。

2. 钻深孔

当钻孔深度与孔径之比大于 5～10 时，称为钻深孔。

1) 深孔的加工特点

(1) 深孔加工刀具受孔径限制，一般较细长，刚度差，强度低，钻削中钻头容易引偏，孔轴线易歪斜，故要解决合理导向问题。

(2) 刀具进入工件深孔内时，是处在半封闭条件下工作，于是排屑和冷却散热成为突出问题。

(3) 由于孔很深，钻头易磨损，又很难观察加工情况，因此加工质量难以控制。

2) 钻深孔的方法

(1) 用特长或接长的麻花钻，采取分级进给的加工方法，即在钻削过程中，使钻头在加工了一定时间或一定深度后退出，借以排除切屑，并用切削液冷却刀具，然后重复进刀或退刀，直至加工完毕，此法仅适用于在单件小批量生产中加工较小的深孔。

(2) 选用各种类型的深孔钻实现一次进给的加工方法。

(3) 深孔钻。深孔钻是一种特殊结构的刀具，常用的有内排屑深孔钻、外排屑深孔钻及喷吸钻等。

3. 钻斜孔

斜孔是指孔的中心线与钻孔工件表面不垂直的孔。

钻斜孔的方法如下：

(1) 采用斜面群钻，如图 7-35 所示，尽量选用导向部分较短的麻花钻改制，以增强其刚度；钻孔时最好用钻模防止滑偏；要使用手动进给和较低的切削速度。

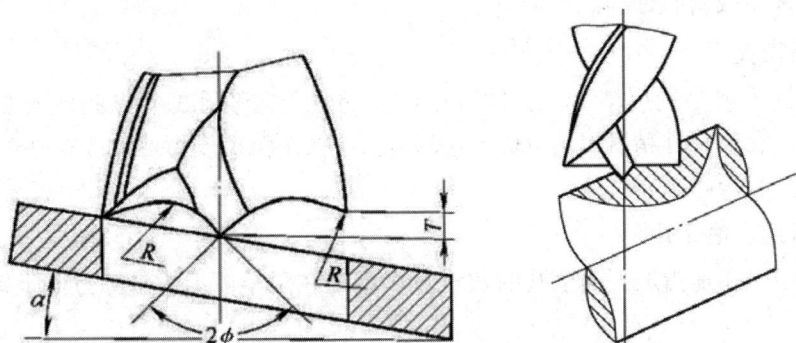

图 7-35 用斜面群钻

(2) 采用转位法钻偏孔，在圆柱形套筒上钻轴线偏离中心的孔时，为了改善偏切削的情况，可采用转位法钻偏孔，如图 7-36 所示。

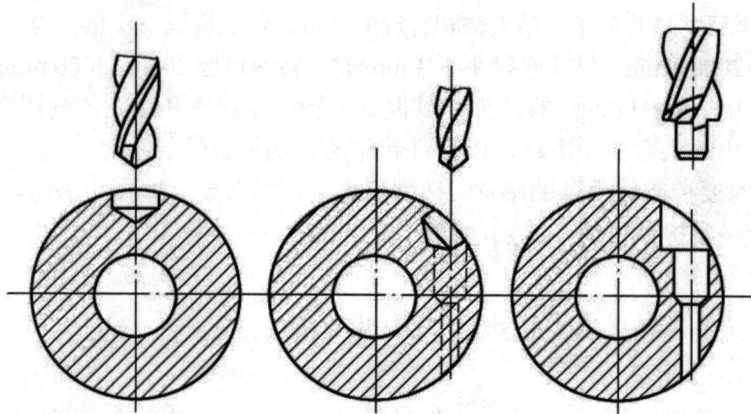

图 7 -36　用转位法钻偏孔

(3) 不改变工件位置钻斜孔。

① 用样冲在钻孔中心打出一个较大的中心眼，或用錾子先錾出一个小平面，使钻头的切削刃不受工件斜面的妨碍。

② 用中心钻在钻孔中心先钻出一个中心孔，或用立铣刀加工出一个水平面，如图 7-37 所示。

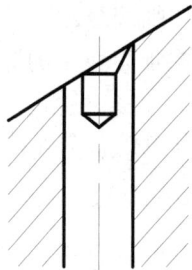

(a) 用中心钻钻中心孔　　　　　　　　　　(b) 用立铣刀铣一平面

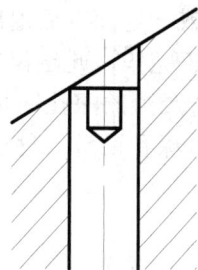

图 7- 37　在斜面上钻孔

(4) 用专用夹具钻孔。将工件装夹在可调角度的钻孔夹具或角度平口钳上，利用夹具的可调角度来完成斜孔钻削。

4. 钻精密孔

精密钻孔一般是利用精孔扩孔钻进行钻孔的。无需铰孔即可获得较高精度的加工方法。加工后，孔的尺寸精度可达 0.02～0.04 mm，表面粗糙度可达 Ra1.6 μm。钻削精密孔需要选用精度较高的钻床。

5. 钻多孔、相交孔

多孔、相交孔是指加工面上孔的数量较多或是在两个以上的坐标方向上钻孔，并且孔与孔相贯通。

钻孔的要点如下：

(1) 当孔径不同时，应先钻大径孔，后钻小径孔，以减轻工件的重量。

(2) 当孔深不同时，应先钻深孔，后钻浅孔。

(3) 当干道孔与几条支道孔相贯通时，先钻干道孔，后钻支道孔。

(4) 当干道孔前端有截止孔时，应先钻截止孔，后钻干道孔。

6. 钻半圆孔与骑缝孔

(1) 钻半圆孔时必须另找一块同样材料的垫块与工件拼加在一起钻孔，如图 7-38 所示。

(2) 零件与零件之间钻骑缝孔，如图 7-39 所示。

图 7-38　钻半圆孔

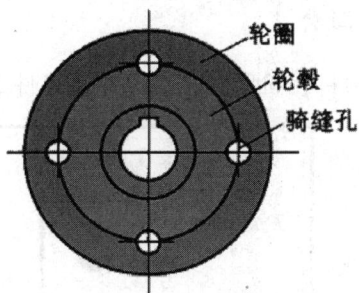

图 7-39　钻骑缝孔

项目八　螺　纹　加　工

[**项目图样**]

本项目台阶圆弧角度块件 1、件 2 加工图纸如图 8-1 和图 8-2 所示。

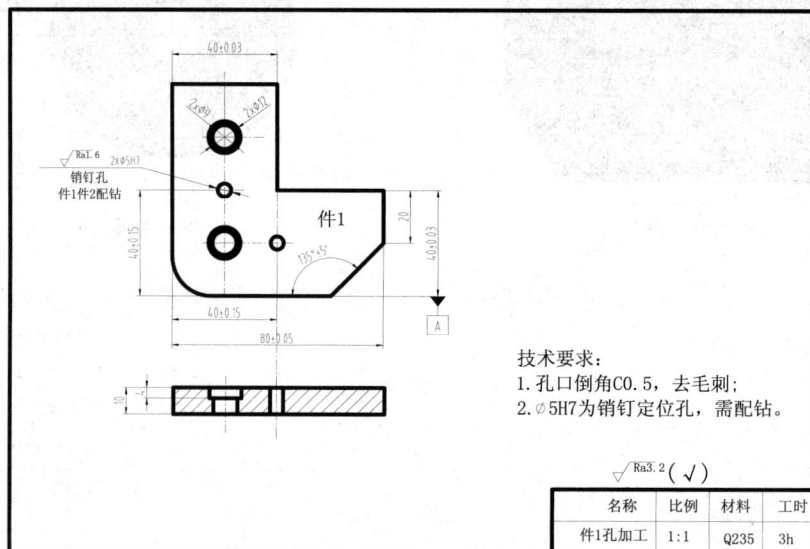

图 8-1　台阶圆弧角度块件 1 加工图

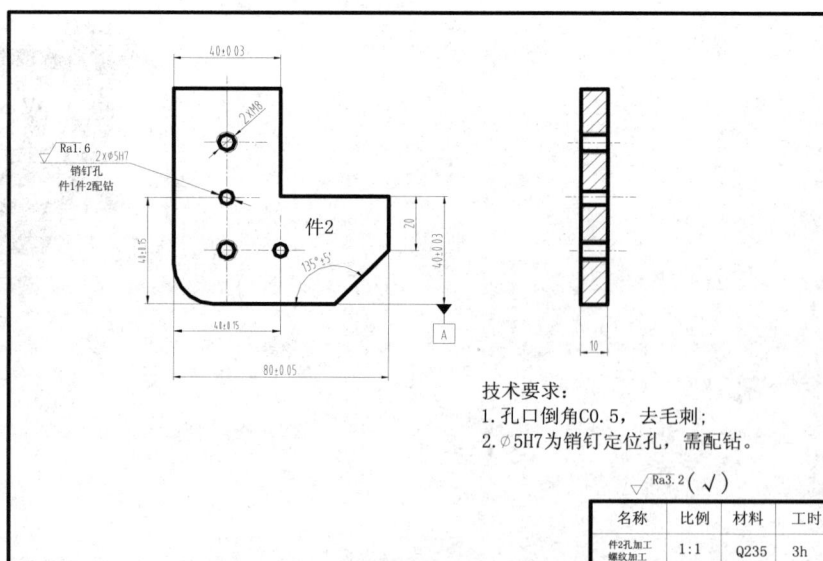

图 8-2　台阶圆弧角度块件 2 加工图

[项目简介]

螺纹被广泛应用于各种机械设备、仪器仪表中，作为连接、紧固、传动、调整的一种机构。用丝锥在工件孔中切削出内螺纹的加工方法，称为攻螺纹(俗称攻丝)；用板牙在圆棒上切出外螺纹的加工方法，称为套螺纹(俗称套丝)。单件小批量生产中采用手动攻螺纹和套螺纹，大批量生产中则多采用机动(在车床或钻床上)攻螺纹和套螺纹。

通过项目七中孔加工的知识，以两人小组为单位合作沟通，已经完成圆弧台阶角度件的螺纹底孔和通孔的加工。本项目主要进行螺纹加工与销钉孔的配钻，掌握基本的装配知识，对出现的问题进行分析，学会举一反三。

实训模式采用两人一组合作模式，用 M8 内六角螺钉完成两件的装配，然后配钻完成直径为 5 mm 的销钉孔，装销钉，初步掌握螺纹连接与装配的基本方法。要求两件配合错位量≤0.10 mm，为制造综合项目做好合作基础与准备。

[项目准备]

(1) 材料：台阶圆弧角度块两块。

(2) 工量刃具：常用锉刀、钢皮尺、划线工具、游标卡尺、刀口角尺、高度划线尺、25～50 千分尺、φ4 钻头、φ6 钻头、φ7 钻头、φ12 钻头、M8 丝锥、丝锥、铰杠、长柄刷等。

(3) 实训准备：

① 领用工量具，了解工量具的使用方法及使用要求，将工量具摆放整齐；实训结束时按工具清单清点工具，并交指导教师验收。

② 熟悉实训要求。复习有关锉削的理论知识，详细阅读本书相关内容，在实训过程中认真掌握实训要求的重点及难点内容。

[知识储备]

一、螺纹的种类和用途

螺纹的种类及用途见表 8-1。

表 8-1　螺纹的种类及用途

螺纹种类		螺纹名称及代号		用　途
标准螺纹	三角螺纹	普通螺纹	粗牙　M8-5g6g	用于各种紧固件、连接件，应用最广
			细牙　M8×1-6H	用于薄壁件连接或受冲击、振动及微调机构
		英制螺纹	3/16"	牙型有 55°、60° 两种，用于进口设备维修和备件
	管螺纹	55° 圆柱管螺纹	G3/4"-2	用于水、油、气和电线管路系统
		55° 圆锥管螺纹	ZG2"	用于管子、管接头、旋塞的螺纹密封及高温、高压结构
		60° 锥形螺纹	Z3/8"	用于气体或液体管路的螺纹连接

续表

螺纹种类		螺纹名称及代号	用　途
标准螺纹	梯形螺纹	Tr32×6-7H	用于传力或螺旋传动中
	锯齿形螺纹	S70×10	用于单向受力的连接
特殊螺纹	圆形螺纹		电器产品指示灯的灯头、灯座螺纹
	矩形螺纹		用于传递运动
	平面螺纹		用于平面传动

二、螺纹基本参数

螺纹主要由牙型、大径、螺距(或导程)、线数、旋向和精度等六个基本参数组成，如图 8-3 所示。

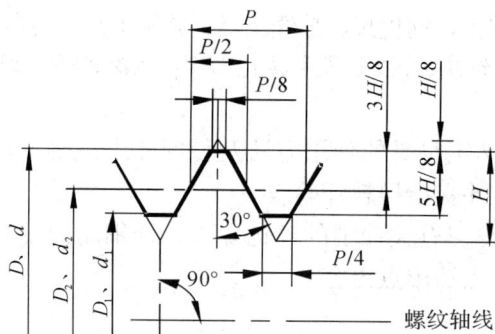

D—内螺纹大径；d—外螺纹大径；D_2—内螺纹中径；d_2—外螺纹中径；

D_1—内螺纹小径；d_1—外螺纹小径；P—螺距；H—原始三角形高度

图 8-3　螺纹的基本参数

(1) 牙型。牙型是指通过螺纹轴线剖面上螺纹的轮廓形状，有三角形、梯形、锯齿形、圆形和矩形等形状。在螺纹牙型上，两相邻牙侧间的夹角为牙型角，牙型角有 55°，60°，30° 等。

(2) 螺纹大径(D、d)。大径是指外螺纹牙顶或内螺纹牙底相切的假想圆柱或圆锥的直径，即公称直径。

(3) 线数(n)。线数是指一个螺纹上螺旋线的数目。分单线螺纹、双线螺纹或多线螺纹。

(4) 螺距(P)和导程(Ph)。螺距是指相邻两牙在中径线上对应两点间的轴向距离。导程是同一条螺旋线上的相邻两牙在中径线上对应两点间的轴向距离。对于单线螺纹，螺距就等于导程；对于多线螺纹，导程等于螺距与螺纹线数的乘积，即 $Ph=nP$。

(5) 旋向。旋向是指螺纹在圆柱面或圆锥面上的绕行方向，有左旋和右旋两种。顺时针旋转时旋入的螺纹为右旋螺纹，逆时针旋转时旋入的螺纹为左旋螺纹。螺纹的旋向一般用左右手来判别，如图 8-4 所示。右旋不标注，左旋标注代号"LH"。

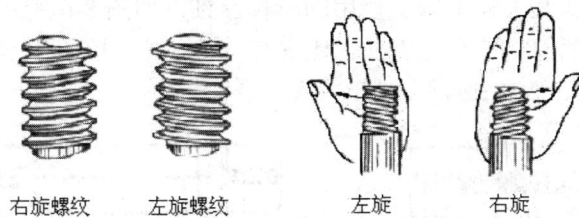

右旋螺纹　　　左旋螺纹　　　　左旋　　　　右旋

图 8-4　螺纹的旋向

(6) 螺纹精度。螺纹精度按三种旋合长度规定了相应的若干精度级，用公差带代号表示。旋合长度是指内外螺纹连接后接触部分的长度。分短旋合长度、中等旋合长度和长旋合长度三组，代号分别为 S、N 和 L。一般情况下选用中等旋合长度，代号为 N 省略不标出。各种旋合长度所对应的具体值，可根据螺纹直径和螺距在有关标准中查出。螺纹公差带由基本偏差和公差等级组成。螺纹精度规定了精密、中等、粗糙三种等级，一般常用的精度为中等。

三、普通螺纹的标记

1. 粗牙普通螺纹的标记

螺纹特征代号 M 公称直径旋向—公差带代号—旋合长度代号 (不注螺距，右旋不标注，左旋标注代号"LH")。

2. 细牙普通螺纹的标记

螺纹特征代号 M 公称直径×螺距旋向—公差带代号—旋合长度代号(要注螺距，旋向要求同上)。

上述标记中的公差带代号是由数字表示的螺纹公差等级和拉丁字母(内螺纹用大写字母，外螺纹用小写字母) 表示的基本偏差代号组成，公差等级在前，基本偏差代号在后。先写中径公差带代号，后写顶径公差带代号，如果中径和顶径的公差带代号一样，则只注写一次。

标注举例如下：

(1) M20-5g6g-S。其标记形式为：公称直径为 20 mm 的粗牙普通螺纹，螺距为 2.5 mm，右旋，中径和顶径公差带代号分别为 5 g、6 g，短旋合长度。

(2) M10×1 LH-6H。其标记形式为：公称直径为 10 mm 的细牙普通螺纹，螺距为 1，左旋，中、顶径公差带代号均为 6H，中等旋合长度。

四、攻螺纹工具及辅具

1. 攻螺纹工具

1) 丝锥

(1) 丝锥的种类。

① 丝锥按使用方法不同，可分为手用丝锥和机用丝锥两大类。

手用丝锥是手工攻螺纹时用的一种丝锥，如图 8-5 所示，它常用于单件小批量生产及各种修配工作中。手用丝锥工作时的切削速度较低，通常都用 9SiCr、GCr9 钢制造。机用丝锥是通过攻螺纹夹头装夹在机床上使用的一种丝锥，如图 8-6 所示，它的形状与手用丝锥相仿，不同的是其柄部除铣有方榫外，还割有一条环槽。因机用丝锥攻螺纹时的切削速度较高，故采用 W18Cr4V 高速钢制造。

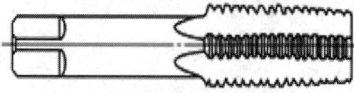

图 8-5　手用丝锥　　　　　　　　　　图 8-6　机用丝锥

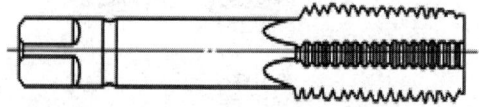

② 丝锥按其用途不同，可以分为普通螺纹丝锥、英制螺纹丝锥、圆柱管螺纹丝锥、圆锥管螺纹丝锥、板牙丝锥、螺母丝锥、校准丝锥及特殊螺纹丝锥等。其中普通螺纹丝锥、圆柱管螺纹丝锥和圆锥管螺纹丝锥为常用的三种丝锥。

(2) 丝锥的构造。

丝锥的构造如图 8-7 所示，丝锥由工作部分和柄部组成。工作部分包括切削部分和校准部分。切削部分磨出锥角，校准部分具有完整的齿形，柄部有方榫。切削部分担负主要切削工作，切削部分沿轴向方向开有几条容屑槽，形成切削刃和前角，同时能容纳切屑。在切削部分前端磨出锥角，使切削负荷分布在几个刀齿上，从而使切削省力，刀齿受力均匀，不易崩刃或折断，丝锥也容易正确切入。校准部分有完整的齿形，用来校准已切出的螺纹，并保证丝锥沿轴向运动。校准部分有 0.05～0.12 mm/100 mm 的倒锥，以减小与螺孔的摩擦。

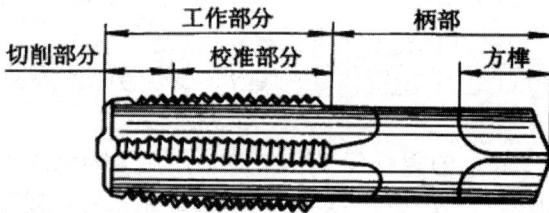

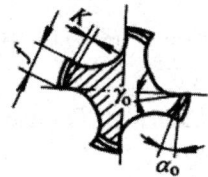

(a) 外形　　　　　　　　　　　(b) 切削部分和校准部分的角度

图 8-7　丝锥的构造

2) 成套丝锥的切削用量分配

手用丝锥为了合理地分配攻螺纹的切削载荷，提高丝锥的耐用度和保证螺纹质量，攻螺纹时，将整个切削载荷加以合理分配，由几支丝锥来承担。成套丝锥载荷的分配一般有锥形分配和柱形分配两种形式。

(1) 锥形分配(等径丝锥)每套中丝锥的大径、中径、小径都相等，只是切削部分的长度及锥角不同。头锥的切削部分长度为 5～7 个螺距，二锥切削部分长度为 2.5～4 个螺距，三锥切削部分长度为 1.5～2 个螺距，如图 8-8 所示。

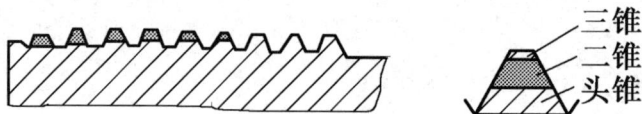

图 8-8　锥形分配(等径丝锥)

(2) 柱形分配(不等径丝锥)其头锥、二锥的大径、中径、小径都比三锥小。头锥、二锥的中径一样，大径不一样，头锥的大径小，二锥的大径大，如图 8-9 所示。柱形分配的丝锥，其切削量分配比较合理，使每支丝锥磨损均匀，使用寿命长，攻丝时较省力。同时因末锥的两侧刃也参加切割，所以螺纹表面粗糙度较细，但在攻丝时丝锥顺序不能搞错。

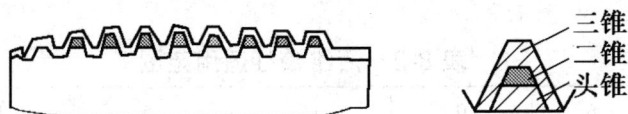

图 8-9　柱形分配(不等径丝锥)

大于或等于 M12 的手用丝锥采用柱形分配，小于 M12 的手用丝锥采用锥形分配。通常 M6～M24 的丝锥每组有两只，M6 以下和 M24 以上的丝锥每组有三只，细牙普通螺纹丝锥每组有两只。

2. 铰杠

铰杠是手工攻螺纹时用的一种辅助工具。铰杠用来夹持丝锥柄部方榫，带动丝锥旋转切削的工具。铰杠分普通铰杠和丁字铰杠两类，普通铰杠又分为固定式和活络式两种，如图 8-10 和图 8-11 所示。

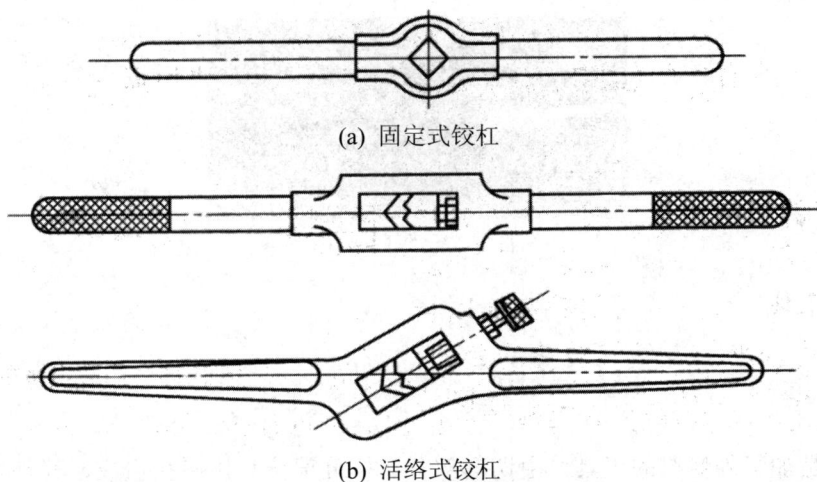

(a) 固定式铰杠

(b) 活络式铰杠

图 8-10　普通铰杠

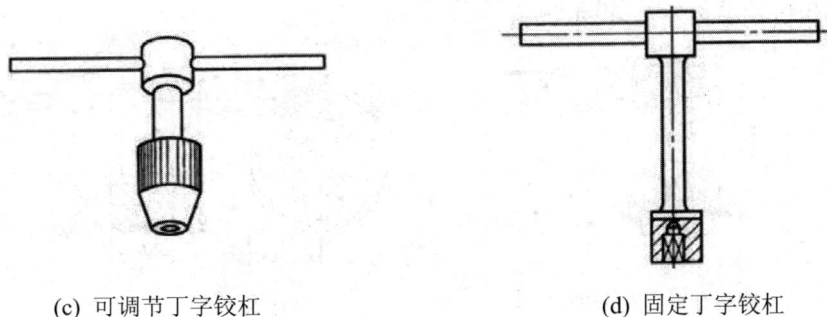

(c) 可调节丁字铰杠　　　　　　　(d) 固定丁字铰杠

图 8-11　丁字铰杠

　　固定铰杠的方孔尺寸和柄长符合一定的规格，使丝锥受力不会过大，丝锥不易被折断，因此操作比较合理，但规格要备得很多。一般攻制 M5 以下的螺纹孔，宜采用固定铰杠。活络铰杠可以调节方孔尺寸，故应用范围较广，常用有 150～600 mm 共六种规格，其适用范围见表 8-2。铰杠根据丝锥尺寸大小进行选择，以便控制攻螺纹时的扭矩，防止丝锥因施力不当而扭断。

表 8-2　活络铰杠适用范围

活络绞杠规格/in	6	9	11	15	19	24
适用丝锥范围	M5～M8	M8～M12	M12～M14	M14～M16	M16～M22	M24 以上

　　当攻制带有台阶工件侧边的螺纹孔或攻制机体内部的螺纹时，必须采用丁字形铰杠。小的丁字形铰杠有固定式和可调节式，可调节式铰杠中有一个四爪弹簧夹头，一般用来装 M6 以下的丝锥。大尺寸的丁字形铰杠一般都是固定式的，通常按实际需要制成专用的。

3. 保险夹头

　　在钻床上攻螺纹时，通常用保险夹头来夹持丝锥，柄体具有前后螺矩补偿装置；攻丝夹头带有扭力调节，能适应不同丝锥、不同材质的工件，通孔、盲孔不断丝锥、丝牙精度高；提高工作效率，降低成本，适用于攻丝机、加工中心、铣床、车床等。保险夹头如图 8-12 所示。

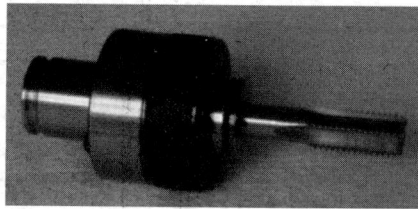

图 8-12　保险夹头

五、套螺纹工具

1. 板牙

1) 圆板牙

　　圆板牙是加工外螺纹的工具，由切削部分、校准部分和排屑孔组成，其外形像一个圆螺母，在它上面钻有几个排屑孔(一般 3～8 个孔，螺纹直径大则孔多)形成刀刃。圆板牙分为固定板牙和可调节板牙，如图 8-13 所示。

(a) 圆板牙外形与分类　　　　　　(b) 圆板牙结构

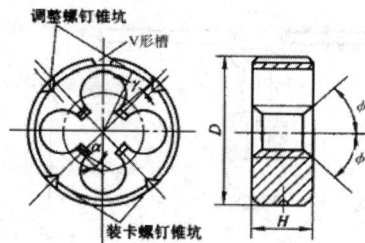

图 8-13　圆扳牙

图 8-13(b)所示，圆板牙两端的锥角部分是切削部分，板牙的中间一段是校准部分，也是套螺纹时的导向部分。板牙的校准部分因磨损会使螺纹尺寸变大而超出公差范围，为延长板牙的使用寿命，M3.5 以上的圆板牙，其外圆上面的 V 形槽，可用锯片砂轮切割出一条通槽，此时 V 形通槽成为调整槽。若在 V 形通槽开口处旋入螺钉，能使板牙孔径尺寸增大。板牙上面有两个调整螺钉的偏心锥坑，使用时可通过铰杠的紧定螺钉挤紧时与锥坑单边接触，使板牙孔径尺寸缩小，其调节范围为 0.1～0.25 mm。若在 V 形通槽开口处旋入螺钉，能使板牙孔径尺寸增大。板牙下部两个轴线通过板牙中心的装卡螺钉锥坑，是用紧定螺钉将圆板牙固定在铰杠中，用来传递转矩的。

2) 管螺纹板牙

管螺纹板牙分圆柱管螺纹板牙和圆锥管螺纹板牙。

圆柱管螺纹板牙与圆锥管螺纹板牙基本结构与圆板牙相仿，不同的是圆锥管螺纹板牙在单面制成切削锥，只能单面使用，它的所有刀刃均参加切削，因此切削时很费力。

2. 板牙铰杠

板牙铰杠是手工套螺纹时的辅助工具，板牙铰杠又称板牙架，是装夹板牙用的工具，板牙铰杠的外圆旋有四只紧定螺钉和一只调松螺钉，使用时，紧定螺钉将板牙紧固在铰杠中，并传递套螺纹时的扭矩。当使用的圆板牙带有 V 形调整槽时，通过调节上面二只紧定螺钉和调整螺钉，可使板牙螺纹直径在一定范围内变动。板牙铰杠如图 8-14 所示。

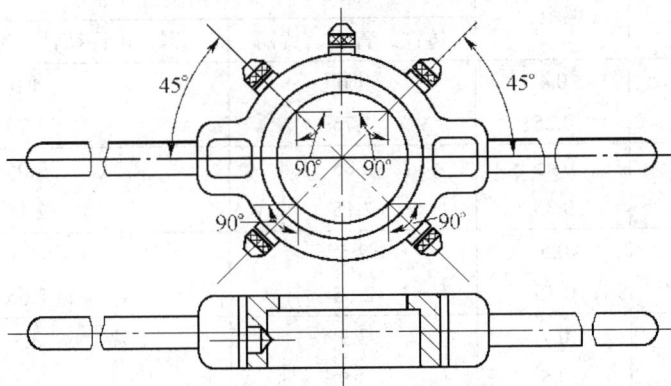

图 8-14　板牙铰杠

六、攻、套螺纹工艺与及质量分析

1. 攻螺纹

1) 攻螺纹前底孔直径的确定

攻螺纹时，丝锥切削刃除起切削作用外，还对材料产生挤压。因此被挤压的材料在牙型顶端会凸起一部分，如图 8-15 所示。材料塑性越大，则挤压出的越多。

此时，如果丝锥刀齿根部与工件牙型顶端之间没有足够的间隙，丝锥就会被挤压出来的材料轧住，造成崩刃、折断和工件螺纹烂牙。因此攻螺纹时底孔直径应比螺纹小径略大，这样挤出的金属流向牙尖，正好形成完整螺纹，且不易卡住丝锥。

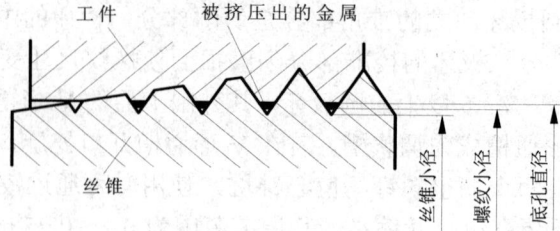

图 8-15　攻螺纹时的挤压现象

螺纹底孔直径的大小，根据工件材料的塑性和钻孔时的扩张量来考虑，按照经验公式来计算。

(1) 加工钢和塑性较大的材料及扩张量中等的条件下

$$D_钻 = D - P$$

式中：$D_钻$为螺纹底孔直径，单位为 mm；D 为螺纹大径，单位为 mm；P 为螺纹螺距，单位为 mm。

(2) 加工铸铁和塑性较小的材料及扩张量较小的条件下

$$D_钻 = D - (1.05 \sim 1.1) P$$

常用粗牙、细牙普通螺纹攻螺纹钻底孔的钻头直径可以从表 8-3 中查得。

表 8-3　攻普通螺纹钻底孔的钻头直径　　　　　　　　　　mm

螺纹直径 D	螺距 P	钻头直径 d_0	
		铸铁、青铜、黄铜	钢、可锻铸铁、紫铜、层压板
2	0.4	1.6	1.6
	0.25	1.75	1.75
2.5	0.45	2.05	2.05
	0.35	2.15	2.15
3	0.5	2.5	2.5
	0.35	2.65	2.65
4	0.7	3.3	3.3
	0.5	3.5	3.5
5	0.8	4.1	4.2
	0.5	4.5	4.5
6	1	4.9	5
	0.75	5.2	5.2
8	1.25	6.6	6.7
	1	6.9	7
	0.75	7.1	7.2
10	1.5	8.4	8.5
	1.25	8.6	8.7
	1	8.9	9
	0.75	9.1	9.2

续表

螺纹直径 D	螺距 P	钻头直径 d_0	
		铸铁、青铜、黄铜	钢、可锻铸铁、紫铜、层压板
12	1.75	10.1	10.2
	1.5	10.4	10.5
	1.25	10.6	10.7
	1	10.9	11
14	2	11.8	12
	1.5	12.4	12.5
	1	12.9	13
16	2	13.8	14
	1.5	14.4	14.5
	1	14.9	15
18	2.5	15.3	15.5
	2	15.8	16
	1.5	16.4	16.5
	1	16.9	17
20	2.5	17.3	17.5
	2	17.8	18
	1.5	18.4	18.5
	1	18.9	19

(3) 英制螺纹底孔直径的计算一般按表 8-4 中的公式计算，也可从有关手册中查出。

表 8-4 英制螺纹底孔直径的计算公式

螺纹公称直径	铸铁和青铜	钢和黄铜
$3/16''\sim5/8''$	$D_{钻}=25\left(D-\dfrac{1}{n}\right)$	$D_{钻}=25\left(D-\dfrac{1}{n}\right)+0.1$
$3/4''\sim1\dfrac{1}{2}''$	$D_{钻}=25\left(D-\dfrac{1}{n}\right)$	$D_{钻}=25\left(D-\dfrac{1}{n}\right)+0.3$

注：$D_{钻}$—攻螺纹前钻底孔钻头直径；n—每英寸牙数；D—螺纹公称直径。

2) 攻螺纹底孔深度的确定

攻不通孔时，由于丝锥切削部分不能切出完整的牙型，因此钻孔深度要大于所需的螺孔深度。按

$$H_{钻}=h_{有效}+0.7D$$

式中：$H_{钻}$为底孔深度，单位为 mm；$h_{有效}$为螺纹有效深度，单位为 mm；D 为螺纹大径，单位为 mm。

3) 攻螺纹的步骤和方法

(1) 钻底孔。确定底孔直径，选用钻头，钻底孔。

(2) 孔口倒角。孔口用 90°锪钻钻倒角(攻通孔时两面孔口都应倒角)。

(3) 装夹工件。通常工件夹持在虎钳上攻螺纹，但较小的工件，较小的螺纹孔可一手握紧工件，一手使用铰杠攻螺纹。

(4) 选用合适铰杠。按照丝锥柄部的方头尺寸来选用铰杠。

(5) 攻头锥。丝锥尽量放正，与工件表面垂直，用角尺检查，如图 8-16 所示。加切削液，以减少切削阻力和提高螺孔的表面质量，延长丝锥的使用寿命。一般用机油或浓度较大的乳化液，要求高的螺孔也可用菜油或二硫化钼等。攻螺纹开始时，用手掌按住丝锥中心，适当施加压力并转动铰杠。开始起削时，两手要加适当压力，并按顺时针方向(右旋螺纹) 将丝锥旋入孔内。当起削刃切进后，两手不要再加压力，只用平稳的旋转力将螺纹攻出，如图 8-17 所示。在攻螺纹中，两手用力要均衡，旋转要平稳，每旋转 1/2～1 周时，将丝锥反转 1/4 周，以割断和排除切屑，防止切屑堵塞屑槽，造成丝锥的损坏和折断。退出丝锥时，应使铰杠带动丝锥平稳地反向转动，避免产生摇摆和振动，破坏螺纹表面的粗糙度。

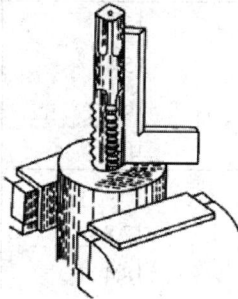

图 8-16　用角尺检查丝锥垂直度

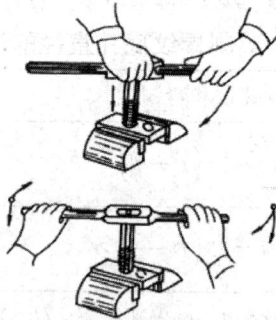

图 8-17　起攻方法

(6) 攻二锥、三锥。头锥攻过后，再用攻二锥、三锥扩大及修光螺纹。攻二锥、三锥必须先用手将丝锥旋进头攻已攻过的螺纹中，使其得到良好的引导后，再装铰杠，按照上述方法，前后旋转直到攻螺纹完成为止。

(7) 攻不通孔。攻不通孔时，要经常退出丝锥，排出孔中切屑。当要攻到孔底时，更应及时排出孔底积屑，以免攻到孔底丝锥被轧住。

4) 攻螺纹时的废品分析、丝锥损坏的原因分析与防止方法

(1) 攻螺纹时的废品分析与防止方法，见表 8-5。

表 8-5　攻螺纹时的废品分析与防止方法

废品形式	产　生　原　因	防　止　方　法
螺纹乱扣、断裂、撕破	底孔直径太小，丝锥攻不进，使孔口乱扣	认真检查底孔，选择合适的底孔钻头将孔扩大再攻
	头锥攻过后，攻二锥时旋转不正，头、二锥中心不重合	先用手将二锥旋入螺孔内，使头、二锥中心重合
	螺孔攻歪斜很多，而用丝锥强行"借"仍借不过来	保护丝锥与底孔中心一致，操作中两手用力均衡，偏斜太多不要强行借正
	低碳钢及塑性好的材料，攻丝时没用冷却润滑液	应选用冷却润滑液
	丝锥切削部分磨钝	将丝锥后角修磨锋利
螺孔偏斜	丝锥与工件端平面不垂直	起削时要使丝锥与工件端平面成垂直，要注意检查与校正
	铸件内有较大砂眼	攻丝前注意检查底孔，如砂眼太大不易攻丝
	攻丝时两手用力不均衡，倾向于一侧	要始终保持两手用力均衡，不要摆动
螺纹高度不够	攻丝底孔直径太大	正确计算与选择攻丝底孔直径与钻头直径

(2) 攻螺纹时丝锥折断的原因及预防方法，见表 8-6。

表 8-6　攻螺纹时丝锥折断的原因及预防方法

折　断　原　因	防　止　方　法
攻丝底孔太小	正确计算与选择底孔直径
丝锥太钝，工件材料太硬	刃磨丝锥后刀面，使切削刃锋利
丝锥铰杠过大，扭转力矩大，操作者手部感觉不灵敏，往往丝锥卡住仍感觉不到，继续扳动使丝锥折断	选择适当规格的铰杠，要随时注意出现的问题，并及时处理
没及时清除丝锥屑槽内的切屑，特别是韧性大的材料，切屑在孔中堵住	按要求反转割断切屑，及时排除，或把丝锥退出清理切屑
韧性大的材料(不锈钢等)攻丝时没用冷却润滑液，工件与丝锥咬住	应选用冷却润滑液
丝锥歪斜单面受力太大	攻丝前要用角尺校正，使丝锥与工件孔保持同心度
不通孔攻丝时，丝锥尖端与孔底相顶，仍旋转丝锥，使丝锥折断	应事先作出标记，攻丝中注意观察丝锥旋进深度防止相顶，并要及时消除切屑

2. 套螺纹

1) 套螺纹前底孔直径的确定

与丝锥攻螺纹一样，用板牙在工件上套螺纹时，材料同样因受到挤压而变形，牙顶将被挤高一些，因此圆杆直径应稍小于螺纹大径的尺寸。圆杆直径可根据螺纹直径和材料的性质，参照表 8-7 选择。一般硬质材料直径可大些，软质材料可稍小些。

套螺纹圆杆直径可用下式计算：

$$d_{杆} = d - 0.13P$$

式中：$d_{杆}$ 为套螺纹前圆杆直径，单位为 mm；d 为外螺纹大径，单位为 mm；P 为螺距，单位为 mm。

表 8-7　板牙套螺纹时圆杆直径

粗牙普通螺纹				英制螺纹			圆柱管螺纹		
螺纹直径/mm	螺距/mm	螺杆直径/mm		螺纹直径/in	螺杆直径/mm		螺纹直径/in	管子外径/mm	
		最小直径	最大直径		最小直径	最大直径		最小直径	最大直径
M6	1	5.8	5.9	1/4	5.9	6	1/8	9.4	9.5
M8	1.25	7.8	7.9	5/16	7.4	7.6	1/4	12.7	13
M10	1.5	9.75	9.85	3/8	9	9.2	3/8	16.2	16.5
M12	1.75	11.75	11.9	1/2	12	12.2	1/2	20.5	20.8
M14	2	13.7	13.85				5/8	22.5	22.8
M16	2	15.7	15.85	5/8	15.2	15.4	3/4	26	26.3
M18	2.5	17.7	17.85				7/8	29.8	30.1
M20	2.5	19.7	19.85	3/4	18.3	18.5	1	32.8	33.1
M22	2.5	21.7	21.85	7/8	21.4	21.6	11/8	37.4	37.7
M24	3	23.65	23.8	1	24.5	24.8	11/4	41.4	41.7
M27	3	26.65	26.8	11/4	30.7	31	13/8	43.8	44.1
M30	3.5	29.6	29.8				11/2	47.3	47.6
M36	4	35.6	35.8	11/2	37	37.3			
M42	4.5	41.55	41.75						

2) 攻螺纹的步骤和方法

(1) 圆杆倒角。杆端部做成 15°～20° 的倒角，且倒角小端直径应小于螺纹小径。圆杆倒角如图 8-18 所示。

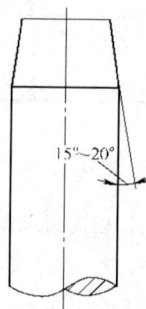

图 8-18　圆杆倒角

(2) 圆杆夹持。由于套螺纹的切削力较大，且工件为圆杆，套削时应用 V 形夹板或在钳口上加垫铜钳口，保证装夹端正、牢固。

(3) 套丝。用一手手掌按住铰杠中部，沿圆杆轴线方向加压用力，另一手配合做顺时针旋转，动作要慢，压力要大，同时保证板牙端面与圆杆轴线垂直，在板牙切入圆杆 2 圈之前及时校正。当板牙切入圆杆 3～4 圈时，两手同时扳动平稳地转动铰杠，靠板牙螺纹自然旋进套螺纹，如图 8-19 所示。为了避免切屑过长，套螺纹过程中板牙应经常倒转。

(4) 在钢件上套螺纹时要加切削液，以延长板牙的使用寿命，减小螺纹的表面粗糙度。

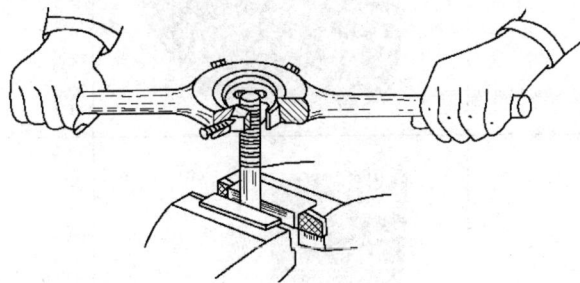

图 8-19　套丝

3) 套螺纹时产生废品的原因及预防方法

套螺纹时产生废品的原因及预防方法见表 8-8。

表 8-8　套螺纹时产生废品原因及预防方法

废品形式	产 生 原 因	防 止 方 法
螺纹乱扣	低碳钢及塑性好的材料套丝时，没有冷却润滑液，螺纹被撕坏	按材料性质应用冷却润滑液
	套丝中没有反转割断切屑，造成切屑堵塞，啃坏螺纹	按要求反转，并及时清除切屑
	套丝圆杆直径太大	将圆杆加工成合乎要求的尺寸
	扳牙与圆杆不垂直，由于偏斜太多又强行借正，造成乱扣	要随时检查和校正扳牙与圆杆的垂直度，发现偏斜及时修整
螺纹偏斜和螺纹深度不均	圆杆倒角不正确，扳牙与圆杆不垂直	按要求正确倒角
	两手旋转扳牙架用力不均衡，摆动太大，使扳牙与圆杆不垂直	起削要正，两手用力要保持均衡，使扳牙与圆杆保持垂直
螺纹太瘦	扳手摆动太大，由于偏斜多次借正，使螺纹中径小了	要握稳扳牙架，旋转套丝
	扳牙起削后，仍加压力扳动	起削后只用平衡的旋转力，不要加压力
	活动扳牙与开口扳牙尺寸调得太小	准确调整扳牙的标准尺寸
螺纹太浅	圆杆直径太小	正确确定圆杆的直径尺寸

[项目实施]

圆弧角度块件 1 件 2 螺纹加工与装配的步骤见表 8-9。

表 8-9　圆弧角度块件 1 件 2 螺纹加工与装配

项　目		示　范	操作说明
划线	1. 检查零件底孔尺寸		检测零件底孔尺寸，并进行孔口倒角
加工	2. 攻螺纹		攻 2-M8 螺纹孔，并用相应的螺钉进行配检
	3. 配合，侧面错位量≤0.10 mm		用 M8 的内六角螺钉将两块圆弧台阶板连接在一起。注意装配时两零件侧面配合，尽量对齐
	4. 配钻φ5H7 定位孔，装φ5 定位销		(1) 用φ4.8 钻头，钻销通孔 (2) 用φ5H7 铰刀铰第一个孔，铰完装入定位销，再铰第二个孔，装入定位销
检查	5. 精度检验，所有表面打光	全面检查，作必要修整，锐边去毛刺、倒棱	

[**项目评价**]

　　项目完成后需小组两人一起认真填写项目评价表，进行项目总结。圆弧角度块螺纹加工与装配项目评价表见表 8-10。项目七＋项目八＝100 分。

表 8-10　圆弧角度块螺纹加工与装配项目评价表

班级：_____　　姓名：_____　　学号：_____　　成绩：_____

序　号		技术要求	配分	评分标准	自检记录	交检记录	得分
1	件 1	ϕ5H7　Ra1.6(2 处)	6	超差一处扣 3 分			
3		40±0.15(2 处)	6	超差一处扣 3 分			
4	件 2	ϕ5H7　Ra1.6(2 处)	6	超差一处扣 1 分			
5		M8(2 处)	6	超差一处扣 3 分			
6		40±0.15(2 处)	6	超差一处扣 3 分			
	装配	错位量≤0.10(2 处)	5	超差一处扣 2.5 分			
7		加工工艺	5	不合理酌情扣分			
8		团队意识	5	不密切酌情扣分			
9		安全文明生产	5	不规范酌情扣分			
合　计			50	—	—	总成绩：	

[知识拓展]

螺纹加工与螺纹连接的其他知识

一、取折断丝锥的方法

(1) 用手锤及尖錾慢慢地旋转敲出丝锥。

(2) 如丝锥折断部分露出孔外时，可用手钳将其扭出。

(3) 对难以取出的丝锥，可用气焊火焰将丝锥退火，再进行钻出；也可用线切割加工的方法将丝锥螺牙割断取出。

二、取断头螺丝的方法

1) 机体外还留有断头的情况

用尖錾及手锤顺螺丝退出的方向慢慢冲出；也可将露出的部分錾扁，用扳手旋出。

2) 螺丝完全埋在机体里的情况

在折断螺丝的中心，钻出比螺丝直径小的孔眼，然后用方冲插入孔内旋出。

三、常用螺纹的预紧及防松

由于使用、制造、装配、维修及运输等原因，机器中的很多零件需要彼此连接。螺纹连接是一种可拆的固定连接，它具有结构简单、连接可靠、拆装方便等优点，因而在机械中应用极为普遍。

1. 螺纹连接的预紧

绝大多数螺纹连接在装配时需要拧紧，使连接在承受工作载荷之前，预先受到力的作用，这个预加作用力称为预紧力。预紧的目的是为了增大连接的紧密性和可靠性。此外，适当地提高预紧力，还能提高螺栓的疲劳强度。一般的紧固连接可用普通扳手或电动、风动扳手拧紧，而有控制拧紧力矩要求的螺纹连接，应使用测力矩扳手或定力矩扳手等工具拧紧，如图8-20所示为指针式测力矩扳手。

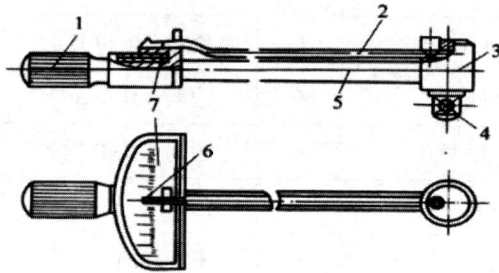

1—手柄；2—长指针；3—柱体；4—钢球；　5—弹性体；6—指针尖；7—刻度板

图8-20　指针式测力矩扳手

2. 螺纹连接的防松

在静载荷下，螺纹连接能满足防松要求。对于在振动、冲击、变载荷或大温度差条件下工作的螺纹连接有可能松动，甚至松脱，必须采用防松装置。防松的根本问题在于防止螺纹副相对转动。具体的防松装置或方法很多，从工作原理看，可分为摩擦锁紧(双螺母、弹簧垫圈、金属或尼龙圈锁紧等，如图8-21和图8-22所示)、直接锁紧(开口销与槽形螺母、止动垫片、串联金属丝缠绕等，如图8-23、图8-24和图8-25所示)和破坏螺纹副关系锁紧(焊、冲、粘住螺纹副，如图8-26所示)等三种。

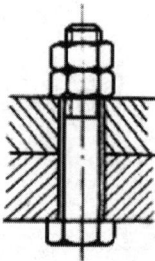

图8-21　双螺母防松

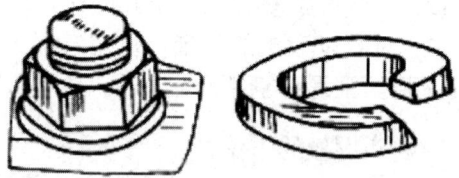

图8-22　弹簧垫圈防松

图8-23　开口销与带槽螺母防松

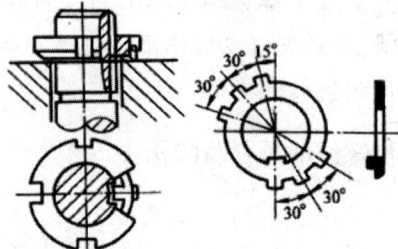

图8-24　止动垫圈防松

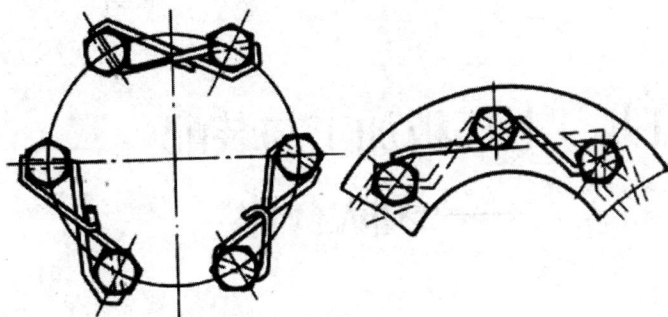

图 8-25　串联钢丝防松

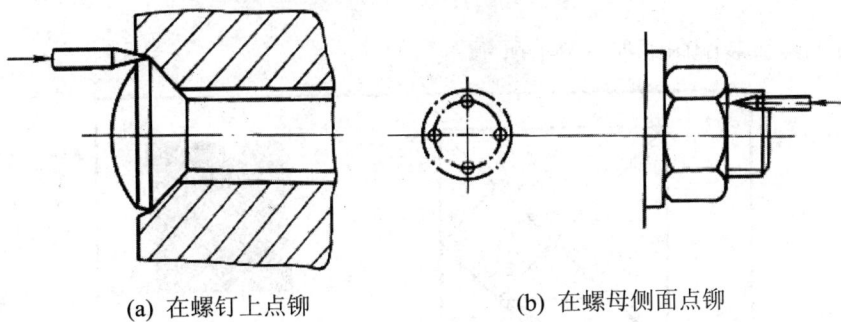

(a) 在螺钉上点铆　　　　　　　　(b) 在螺母侧面点铆

图 8-26　点铆方法防松

项目九　七巧板加工与装配
——团队合作

[项目图样]

本项目七巧板装配图纸如图 9-1 所示。

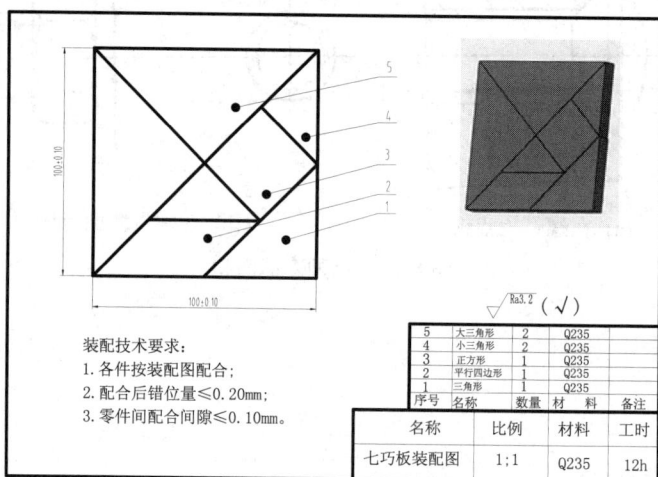

5	大三角形	2	Q235	
4	小三角形	2	Q235	
3	正方形	1	Q235	
2	平行四边形	1	Q235	
1	三角形	1	Q235	
序号	名称	数量	材　料	备注

名称	比例	材料	工时
七巧板装配图	1:1	Q235	12h

装配技术要求:
1. 各件按装配图配合;
2. 配合后错位量≤0.20mm;
3. 零件间配合间隙≤0.10mm。

图 9-1　七巧板装配图

[项目简介]

　　七巧板也称"七巧图"或"智慧板",是民间流传的智力拼图板玩具。七巧板系由一块正方形切割为五个小勾股形,将其拼凑成各种事物图形,如人物、动植物、房亭楼阁、车轿船桥等,典型图案如图 9-2 和图 9-3 所示。可一人玩,也可多人进行拼图比赛。本制造项目为七巧板零件加工,通过之前训练掌握的划线、测量、锯削、锉削等技能,实训模式采用团队分工协作来完成七巧板的制作。班级成员进行分组,任课教师与组长依据组员兴趣与个体综合能力进行任务的合理分配,组员领取任务,根据图纸要求按图加工,完成七巧板的一个零件,团队成员按装配图进行组装及精度修整,以达到装配技术要求,完成制作任务。

图 9-2　七巧板拼成的动物图案

图 9-3   七巧板拼成的其他图案

[**项目准备**]

(1) 图纸准备与分组、分工：团队的形式进行七巧板项目的制作，建议 7 名同学为一组，分层教学，根据零件实际锉削精度，结合国家标准灵活制定配合间隙要求，通过反复练习逐步提高配合精度，在二天之内达到每组完成一套七巧板的目标，并达到相关的制造精度与装配精度要求。

七巧板加工零件图，如图 9-2～图 9-9 所示。

(2) 材料准备(每组)：备料毛坯两块，尺寸分别为 110×110×10 和 42×37×10，材料为 Q235。

(3) 工量刃具及其他准备：常用锉刀、划线工具、手锤、手锯、钢皮尺、高度划线尺、游标卡尺、千分尺、刀口角尺、万能角度尺等。

(4) 实训准备：

① 领用工具，了解工具的使用方法及使用要求，将工具摆放整齐；实训结束时按工具清单清点工具，并交指导教师验收。

② 熟悉实训要求。复习有关理论知识，详细阅读本书相关内容，在实训过程中认真掌握实训要求的重点及难点内容。

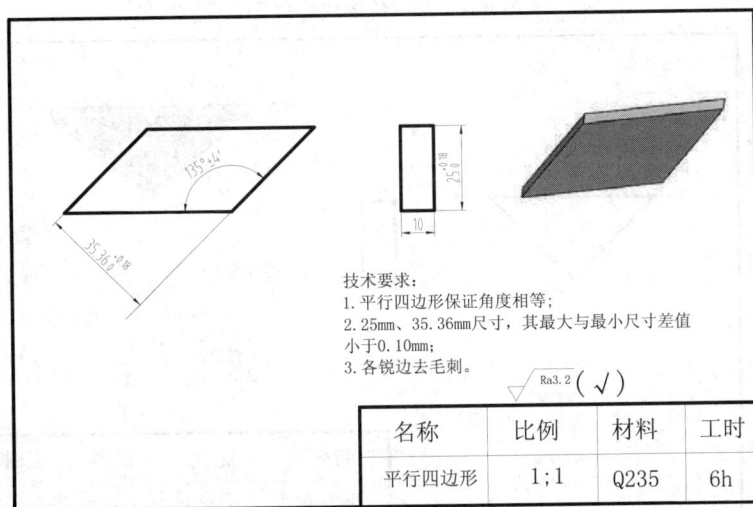

技术要求：
1. 平行四边形保证角度相等；
2. 25mm、35.36mm尺寸，其最大与最小尺寸差值小于0.10mm；
3. 各锐边去毛刺。

名称	比例	材料	工时
平行四边形	1;1	Q235	6h

图 9-4   平行四边形块零件图

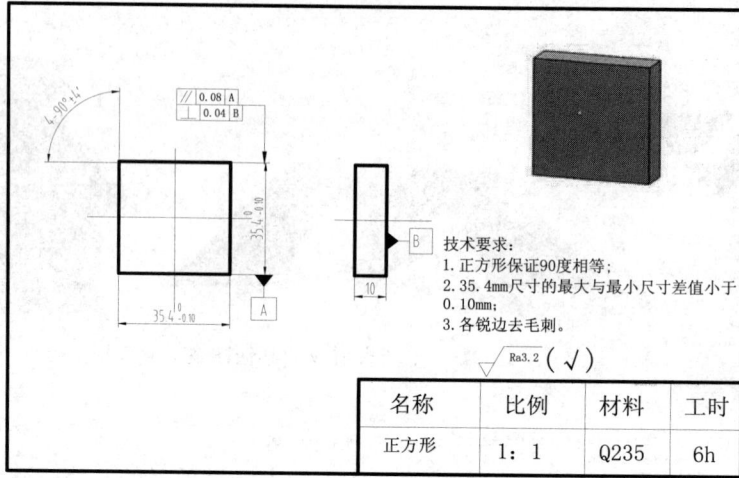

技术要求：
1. 正方形保证90度相等；
2. 35.4mm尺寸的最大与最小尺寸差值小于0.10mm；
3. 各锐边去毛刺。

$\sqrt{Ra3.2}$ (√)

名称	比例	材料	工时
正方形	1：1	Q235	6h

图 9-5　正方形块零件图

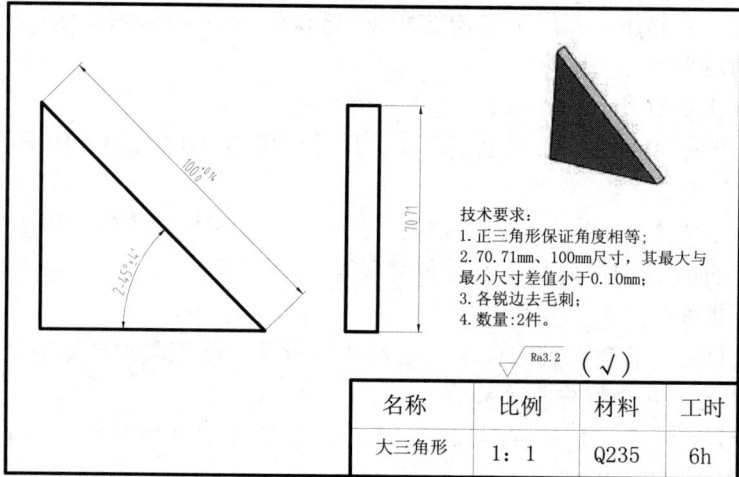

技术要求：
1. 正三角形保证角度相等；
2. 70.71mm、100mm尺寸，其最大与最小尺寸差值小于0.10mm；
3. 各锐边去毛刺；
4. 数量：2件。

$\sqrt{Ra3.2}$ (√)

名称	比例	材料	工时
大三角形	1：1	Q235	6h

图 9-6　大三角形块零件图

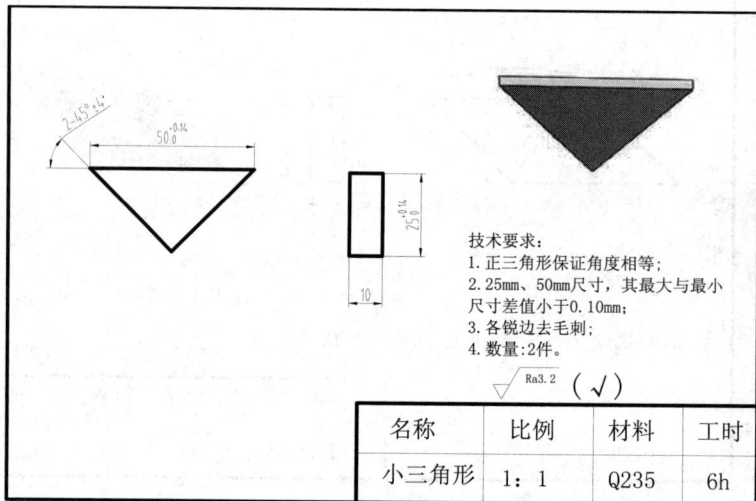

技术要求：
1. 正三角形保证角度相等；
2. 25mm、50mm尺寸，其最大与最小尺寸差值小于0.10mm；
3. 各锐边去毛刺；
4. 数量：2件。

$\sqrt{Ra3.2}$ (√)

名称	比例	材料	工时
小三角形	1：1	Q235	6h

图 9-7　小三角形块零件图

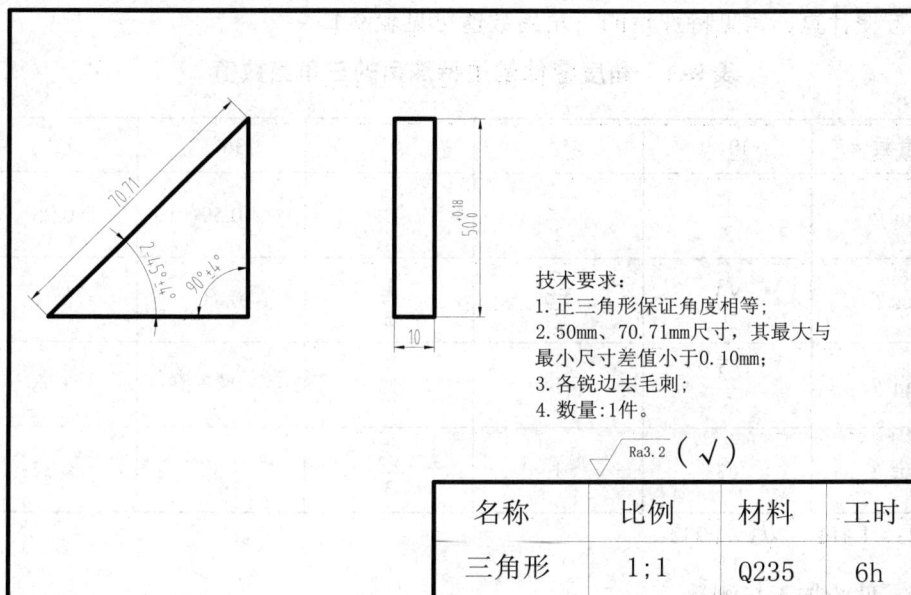

图 9-8　三角形块零件图

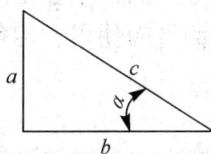

图 9-9　锐角直角三角形

[知识储备]

一、相关角度计算方法

(1) 如图 9-7 所示三角形，锐角三角函数计算公式为

$$\sin\alpha=\frac{a}{c}$$

$$\cos\alpha=\frac{b}{c}$$

$$\tan\alpha=\frac{a}{b}$$

$$\cot\alpha=\frac{b}{a}$$

(2) 勾股定理。

$$a^2+b^2=c^2$$

$$a^2=\sqrt{c^2-b^2}$$

(3) 钳工制作角度零件常见的有正三棱柱、正五棱柱、正六棱柱、60°燕尾、45°斜

块等，为方便计算，常见特殊角的三角函数值可见表 9-1。

表 9-1　角度零件常用特殊角的三角函数值

角度数 θ	30°	45°	60°	36°	72°
sin θ	$\dfrac{1}{2}$	$\dfrac{\sqrt{2}}{2}$	$\dfrac{\sqrt{3}}{2}$	0.59	0.95
cos θ	$\dfrac{\sqrt{3}}{2}$	$\dfrac{\sqrt{2}}{2}$	$\dfrac{1}{2}$	0.81	0.31
tan θ	$\dfrac{\sqrt{3}}{3}$	1	$\sqrt{3}$	0.73	3.08
cot θ	$\sqrt{3}$	1	$\dfrac{\sqrt{3}}{3}$	1.38	0.32

注：$\sqrt{2}=1.414$　$\sqrt{3}=1.732$

二、角度零件的加工与测量

角度零件表面的锉削加工与普通平面的锉削加工方法相同，台虎钳夹持工件时应当使被锉削面与钳口平行；零件进行角度测量应使用万能角度尺进行测量。

三、七巧板锉配

锉配，钳工中也称镶配，是利用锉削加工的方法使两个或两个以上的零件达到一定的配合精度要求的加工方法。在该七巧板制作项目中，因零件达到了七件，配合时，若精度不够会相互影响，可能引起配合间隙超差及配合错位量的超差，故该制作团队成员一定要有团结、合作与沟通意识。两件大三角形为基准零件，应先完成加工，达到配合精度，接着完成小三角形、正方形与平行四边形的加工与配合，达到精度要求。

[项目实施]

七巧板的加工步骤见表 9-2。

表 9-2　七巧板的加工步骤

	项　目	示　范	操作说明
划线	1. 团队成员进行尺寸计算，组长组员共同协作。在 110×110×10 的板料上，划出如右图所示六个零件的加工位置线，这是典型的借料划线的方法 75×25×10 的板料上，划出平行四边形零件的加工位置线		(1) 划线尺寸计算 (2) 110×110×10 的板料，划线前一定要先加工至四面垂直 (3) 75×25×10 板料，先加工好一个直角基准面，然后划线

项　目	示　范	操作说明
2. 锯削分料，将 110×110×10 的板料六块零件分别锯下，粗加工，留 0.2～0.5 mm 精加工余量。　锯削平行四边形块余料，粗加工，留 0.2～0.5 mm 精加工余量		斜面锯削时，斜面锯削线与台虎钳钳口平面需垂直
3. 加工三角形块零件(以高为 35.4 mm 的小三角形块为例)		基准面 1 与 2 进行垂直度与侧面直度修整，保证精度在 ±0.03 mm 范围内
		计算三角形的高，根据已知条件利用勾股定理或三角函数求解
		(1) 利用辅助工具 V 形块划出三角形的斜边位置 (2) 划线(测量)尺寸=V 形铁的中心高+三角形的高 (3) 锉削三角形的高 35.4 mm，利用万能角度尺控制斜边与基准面 1 和基准面 2 的两个角度(45°±4′)，去毛倒钝
4. 加工平行四边形块零件		(1) 以基准面 2 为基准，锉削基准面 1，保证角度为 45° (2) 以基准面 1 为基准，加工对面 3，保证角度(45°±4′)、尺寸、垂直度、平行度、平面度等精度要求，去毛倒钝

（加工）

续表二

项　目	示　范	操作说明
5. 加工正方形块零件	第3面　35.4$^{+0.16}_{0}$　基准面2　90°±4′　基准面1	(1) 基准面 1 与 2 进行垂直度与侧面直度修整，保证精度在±0.03 mm 范围内 (2) 锉削第 3 面，保证角度(90°±4′)、尺寸、垂直度、平行度、平面度等精度要求，去毛倒钝
	第4面　第3面　35.4$^{+0.16}_{0}$　90°±4′　基准面2　基准面1	锉削第 4 面，保证角度 90°±4′、尺寸、垂直度、平行度、平面度等精度要求，去毛倒钝
精度整拼装表面处理	精度检验，拼装 表面用砂皮纸打光处理		按装配图要求拼装各零件，用塞尺检测配合间隙与错位量是否达到精度要求，适当修整

[项目评价]

项目完成后需小组两人一起认真填写项目评价表，进行项目总结。钳工团队实训制造项目评价表见表9-3。

表9-3　钳工团队实训制造项目评价表

项目名称		七巧板———（　　　）				
班级			姓名		学号	
工程能力评价 (55 分)	评价项目	要　求	自评 (30%)	组评 (30%)	师评 (40%)	分项成绩
	工、量具使用 (10 分)	使用方法正确				
	零件图纸绘制 (10 分)	图纸绘制正确，规范				
	加工工艺 (10 分)	加工工艺正确，流程合理				
	零件精度 (25 分)	加工精度达到设计要求				

	评价项目	要　求	自评 (30%)	组评 (30%)	师评 (40%)	分项 成绩
工程素养 评价 (25 分)	团队协作 (10 分)	有团队协作意识				
	安全生产 (5 分)	无事故、损毁、环境整洁				
	实习态度 (5 分)	很踏实、认真、刻苦、求实				
	文明礼貌 劳动纪律 (5 分)	讲文明礼貌，遵守劳动纪律				
团队得分说明		(教师评价说明)			团队成绩(20 分)	
教师签名			组长签名		总成绩	

[**知识拓展**]

单燕尾零件的锉配

一、锉配方法

1. 锉配

定义：通过锉削，使一个零件(基准件) 能放入另一个零件(配合件) 的孔后槽内，且配合精度符合要求。单燕尾锉配练习图如图 9-10 所示。

应用：广泛地应用在机器装配、修理以及工模具的制造上。

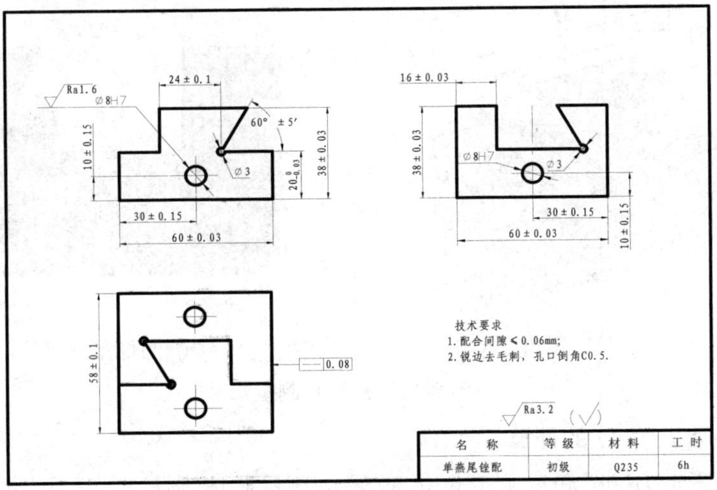

图 9-10　单燕尾锉配练习图

2. 锉配原则

锉配工作是先把镶配的两个零件中的一件加工至符合图样要求,再根据已加工好的零件锉配另一件。一般外表面容易加工和测量,因此应先锉好外表面的零件,然后锉配内表面的零件,但在有些情况下则相反。

3. 锉削基准的选择原则

(1) 选用已加工的最大平整面作为锉削基准。

(2) 选用锉削量最少的面作为锉削基准。

(3) 选用划线基准、测量基准作为锉削基准。

(4) 选用加工精度最高的面作为锉削基准。

4. 零件锉配的方法

(1) 锉配时由于外表面比内表面容易加工和测量,易于达到较高精度,因此一般先加工凸件,后锉配凹件。

(2) 内表面加工时,为了便于控制,一般均应选择有关外表面作测量基准,因此,在凹形零件基准面加工时,必须达到较高的精度要求。

(3) 用测量芯棒的间接测量来保证角度面的尺寸精度要求。

二、尺寸计算与工艺分析

1. 圆柱测量尺寸 M 的计算

图 9-11(a)所示为单燕尾角度尺寸 24±0.1 的测量,采用测量芯棒(圆柱) 间接测量 M 的尺寸来保证,其测量尺寸 M 与尺寸 24、圆柱直径 d 之间的关系如下:

$$M = 24 + x + \frac{d}{2}, \quad x = \frac{d}{2}\cot\frac{\alpha}{2}, \quad x = 5 \times \cot30° = 8.66$$

式中:M 为圆柱测量尺寸;d 为圆柱直径(10 mm); a 为斜面的角度值(60°)。

$$M = 24 + 5 \times \cot30° + 5 = 24 + 8.66 + 5 = 37.66 \text{ mm}$$

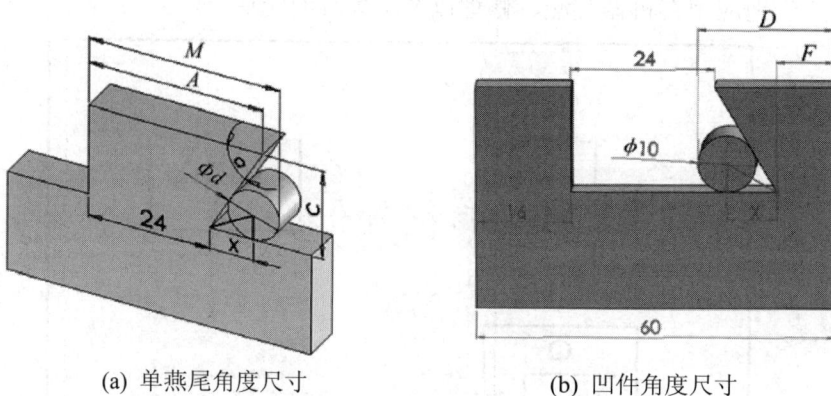

(a) 单燕尾角度尺寸　　　　　　　(b) 凹件角度尺寸

图 9-11　划线与测量尺寸

2. 圆柱测量尺寸 D 的计算

图 9-11(b)所示为凹件角度测量尺寸 F,采用测量芯棒(圆柱) 间接测量 D 的尺寸来保证。

$$D = F + x + \frac{d}{2}, \quad x = \frac{d}{2}\cot\frac{\alpha}{2}$$

先求出 F 尺寸值

$$F = 60 - 16 - 24 - \frac{18}{\tan\alpha} = 20 - \frac{18}{\tan 60°} = 20 - 10.4 = 9.6 \text{ mm}$$

再求出 D 尺寸值

$$D = F + 8.66 + 5 = 9.6 + 13.66 = 23.26 \text{ mm}$$

3. 划线尺寸 A 的计算

$$A = 24 + \frac{C}{\tan\alpha}$$

已知 $c = 18$ mm，$\alpha = 60°$，则

$$A = 24 + \frac{18}{\tan 60°} = 24 + 10.4 = 34.4 \text{ mm}$$

三、精度控制分析

(1) 先加工凸件，以凸件为基准，凹件锉配。为保证配合后直线度≤0.08 的要求，凸件 16 mm 尺寸处应通过尺寸链计算间接控制 B 尺寸，（B 尺寸＝60 实际尺寸 – 16±0.03），如图 9-12(a)所示。

(2) 内表面加工的时候，要选择有关外表面作为测量基准，因此，外形形位精度(平面度、垂直度、侧面垂直度) 控制非常重要，在锉配内角度面时，先加工好底面，60°斜面先通过圆柱间接控制角度尺寸 D，再用凸件修配，如图 9-12(b)所示。

(3) 加工 60°角度面时，要学会刃磨锉刀，将三角锉或平锉的一边修磨至小于 60°，从而防止锉削时碰坏相邻面。

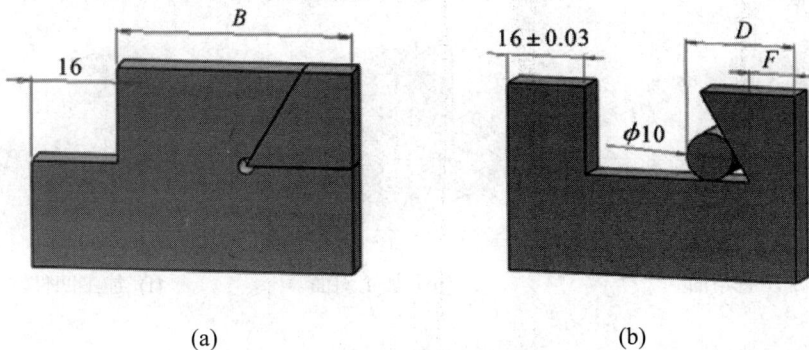

(a)　　　　　　　　　　　　　(b)

图 9-12　单燕尾零件锉配精度控制方法

[任务实施]

单燕尾锉配加工示意如图 9-13 所示。加工步骤如下：

(1) 检查来料尺寸。

(2) 粗、精锉外形一侧面与两端面，作为划线基准。

(3) 按图划出凹凸件的所有加工线。

(4) 钻 $\phi3$ 工艺孔、凹件去余料孔、钻 $\phi7.8$ 孔，倒角，铰孔，达到 $\phi8H7$ 孔径和孔粗糙度要求，并保证孔距要求。

(5) 锯割分料，分别加工凸、凹件外形面，达到 $60\pm0.03\times38\pm0.03$ 尺寸、形位公差等要求。

(6) 加工凸件：

① 锯去直角面余料，粗、精锉直角面，保证 16 ± 0.03 及 20 ± 0.03 尺寸要求(16 ± 0.03 尺寸通过测量 B 来间接保证)。

② 锯去角度面余料，粗、精锉角度面，保证 24 ± 0.1、20 ± 0.03 尺寸及 $60°\pm5'$ 等要求(24 ± 0.1 尺寸通过控制圆柱间接尺寸 M 来保证)。

③ 凸件精度检查，并作必要的修整，锐边去毛刺。

(7) 锉配凹件：

① 锯去凹件余料，粗锉至接近线，留单边 $0.2\sim0.3$ mm 余量。

② 精锉 16 ± 0.03 尺寸面与底面，保证尺寸要求及与外形平行要求。

③ 以凸件为基准，锉配凹件角度面，达到配合间隙的要求。

(8) 全部精度复检，锐边去毛刺，交件待检。

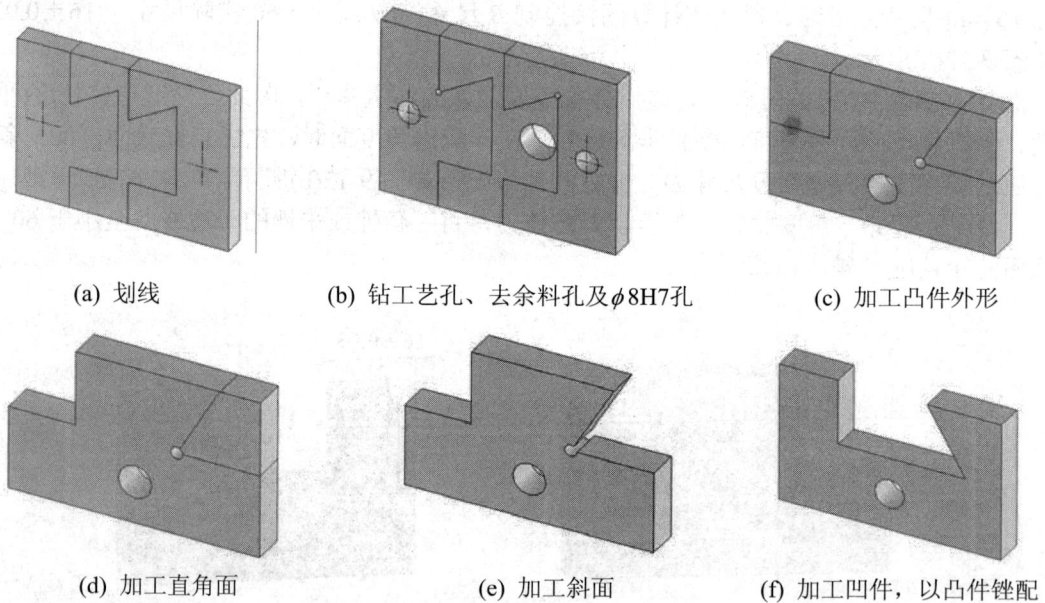

(a) 划线	(b) 钻工艺孔、去余料孔及 $\phi8H7$ 孔	(c) 加工凸件外形
(d) 加工直角面	(e) 加工斜面	(f) 加工凹件，以凸件锉配

图 9-13　单燕尾锉配加工示意图

[重点提示]

(1) 外形 60 mm 的实际尺寸测量必须正确，并取各点实测值的平均数值。外形加工时，尺寸公差尽量控制到零位，便于计算；垂直度、平行度误差应控制在最小范围内。

(2) 先加工凸件，再加工凹件，单燕尾凸台加工时，只能先加工一个直角面，至尺寸要求后，再加工另一斜面，否则无法保证配合后的直线度要求。

(3) 凹形面的加工，必须根据凸形尺寸来控制公差，间隙值一般在 0.05 mm 左右。

[任务评价]

单燕尾锉配的评价标准见表 9-4。

表 9-4 单燕尾锉配的评分标准

班级：_____ 姓名：_____ 学号：_____ 成绩：_____

序 号		技术要求	配分	评分标准	自检记录	交检记录	得分
凸 件	1	60±0.03	5	超差全扣			
	2	38±0.03	5	超差全扣			
	3	0 20-0.03 (2 处)	4	每超一处扣 2 分			
	4	24±0.1	5	超差全扣			
	5	60° ±5′	4	超差全扣			
	6	10±0.15	3	超差全扣			
	7	30±0.15	3	超差全扣			
	8	ϕ8H7 Ra1.6	2	超差全扣			
	9	锉面 Ra3.2 (8 处)	4	每超一处扣 0.5 分			
凹 件	10	60±0.03	4	超差全扣			
	11	38±0.03	4	超差全扣			
	12	16±0.03	4	超差全扣			
	13	10±0.15	3	超差全扣			
	14	30±0.15	3	超差全扣			
	15	ϕ8H7 Ra1.6	2	超差全扣			
	16	锉面 Ra3.2 (8 处)	4	每超一处扣 0.5 分			
配 合	17	间隙≤0.06 (5 处)	15	每超一处扣 3 分			
	18	58±0.1	5	超差全扣			
	19	— 0.08	6	超差全扣			
20		加工工艺	5	不合理酌情扣分			
21		团队意识	5	不密切酌情扣分			
22		安全文明生产	5	不规范酌情扣分			
合 计			100	—	—		

项目十　坦克模型制作
——团队合作

[项目图样]

本项目的模型坦克装配图纸如图 10-1 所示。

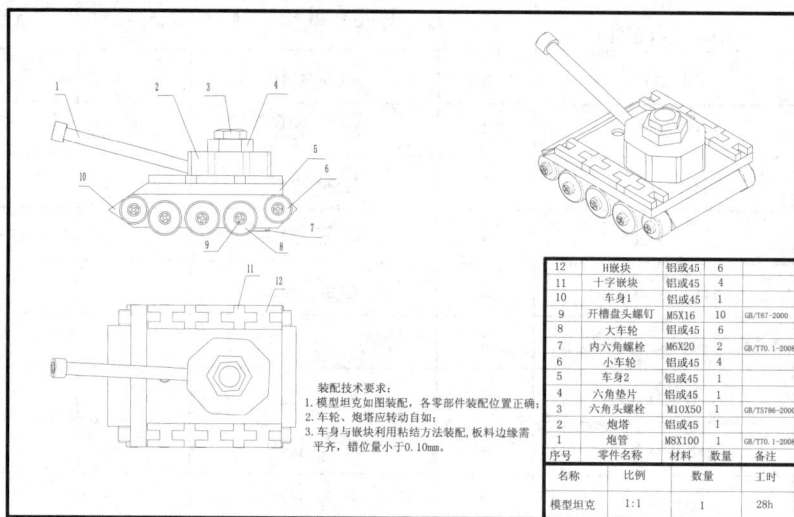

装配技术要求：
1. 模型坦克如图装配，各零部件装配位置正确；
2. 车轮、炮塔应转动自如；
3. 车身与嵌块利用粘结方法装配，板料边缘需平齐，错位量小于 0.10mm。

12	H嵌块	铝或45	6	
11	十字嵌块	铝或45	4	
10	车身1	铝或45	1	
9	开槽盘头螺钉	M5X16	10	GB/T67-2000
8	大车轮	铝或45	6	
7	内六角螺栓	M6X20	4	GB/T70.1-2008
6	小车轮	铝或45	4	
5	车身2	铝或45	1	
4	六角垫片	铝或45	1	
3	六角头螺栓	M10X50	1	GB/T5786-2000
2	炮塔	铝或45	1	
1	炮管	M8X100	1	GB/T70.1-2008
序号	零件名称	材料	数量	备注
名称	比例		数量	工时
模型坦克	1:1		1	28h

图 10-1　模型坦克装配图

[项目简介]

产品模型的设计与制作，是产品造型设计的继续，是产品设计过程的一种重要表现形式。本制造项目为模型坦克，结合钳工实训手工操作为主的特点，模型图纸设计尽量简约，减少曲面与内腔面的加工，达到形似。

实训模式采用团队分工协作完成坦克模型制作。班级成员进行分组，任课教师与组长依据组员个体综合能力进行任务的合理分配，组员领取任务，根据图纸要求加工完成坦克模型的一个或两个零件，最后进行组件装配与总装配，完成制作任务。

[项目准备]

(1) 图纸准备及分组、分工：以团队的形式进行模型坦克的制作，建议 5 名同学为一组，在一个星期之内达到每组完成一辆模型坦克的目标，并达到相关的制造精度与装配精度要求。坦克加工零件图如图 10-2～图 10-7 所示。

(2) 材料准备(每组)：车身 1 材料(121×61×20)一块，车身 2 材料(97×90×7)一块，炮塔材料($\phi 55 \times 20$)一块，炮塔垫片材料($\phi 30 \times 7$)一块。

(3) 标准件准备(每组)：坦克大车轮 6 个、小车轮 4 个(车削加工图纸如图 10-7 所示)、M8×100 内六角螺栓一个、M10×50 六角头螺栓一个、M8×20 内六角螺栓二个、M5×16 开槽盘头螺钉十个。

(4) 工量刃具及其他准备：常用锉刀、划线工具、手锤、手锯、铰手、各类钻头、丝锥、钢皮尺、高度划线尺、游标卡尺、千分尺、刀口角尺、万能角度尺、AB 胶、润滑油等。

(5) 实训准备：

① 领用工具，了解工具的使用方法及使用要求，将工具摆放整齐；实训结束时按工具清单清点工具，并交指导教师验收。

② 熟悉实训要求。复习有关理论知识，详细阅读本书相关内容，在实训过程中认真掌握实训要求的重点及难点内容。

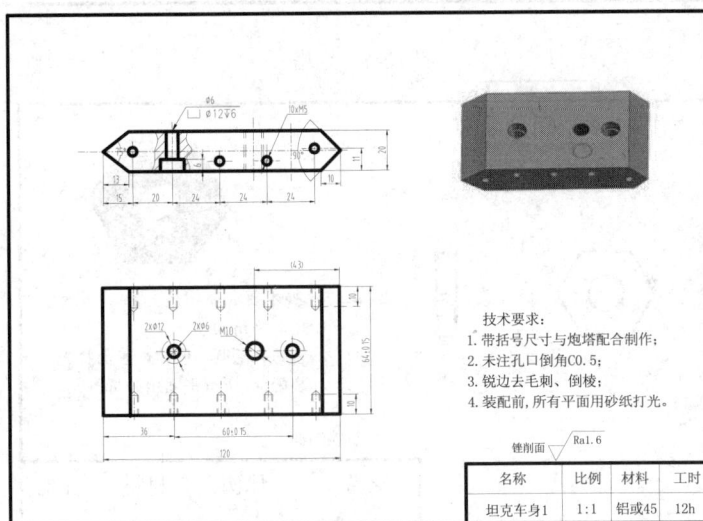

图 10-2 模型坦克车身 1

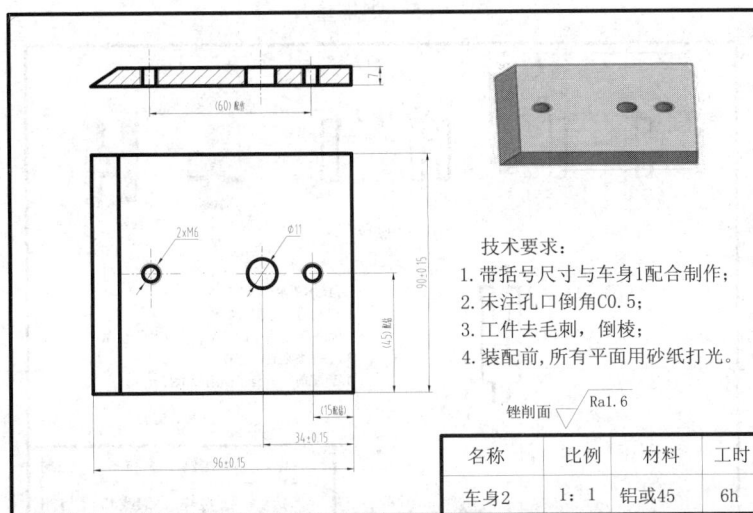

图 10-3 模型坦克车身 2

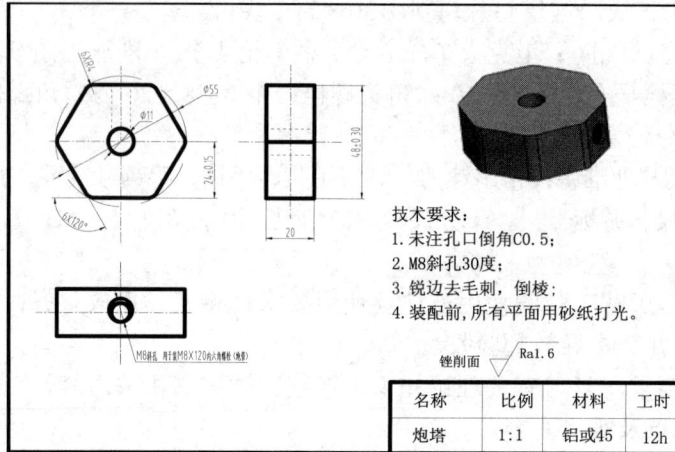

技术要求:
1. 未注孔口倒角C0.5;
2. M8斜孔30度;
3. 锐边去毛刺,倒棱;
4. 装配前,所有平面用砂纸打光。

锉削面 $\sqrt{Ra1.6}$

名称	比例	材料	工时
炮塔	1:1	铝或45	12h

图 10-4　炮塔

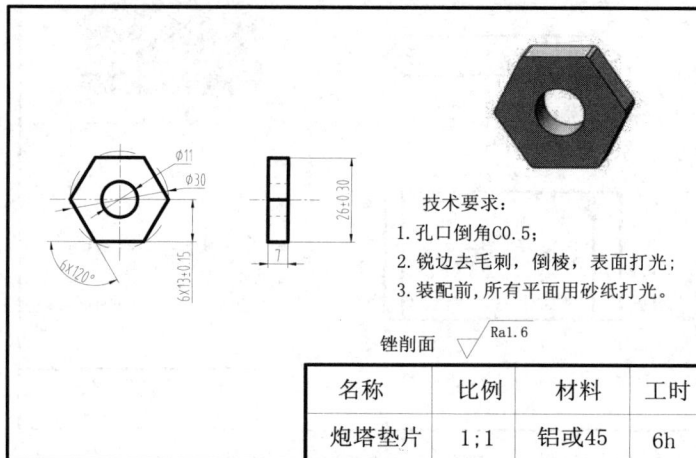

技术要求:
1. 孔口倒角C0.5;
2. 锐边去毛刺,倒棱,表面打光;
3. 装配前,所有平面用砂纸打光。

锉削面 $\sqrt{Ra1.6}$

名称	比例	材料	工时
炮塔垫片	1:1	铝或45	6h

图 10-5　炮塔垫片

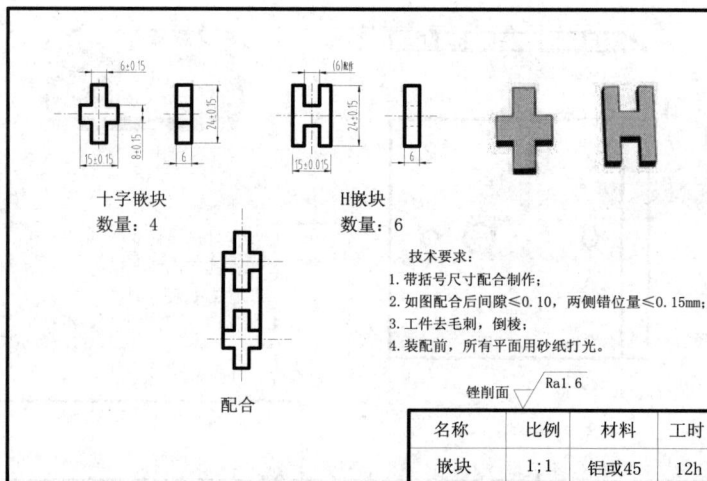

十字嵌块
数量:4

H嵌块
数量:6

配合

技术要求:
1. 带括号尺寸配合制作;
2. 如图配合后间隙≤0.10,两侧错位量≤0.15mm;
3. 工件去毛刺,倒棱;
4. 装配前,所有平面用砂纸打光。

锉削面 $\sqrt{Ra1.6}$

名称	比例	材料	工时
嵌块	1:1	铝或45	12h

图 10-6　十字、H 嵌块

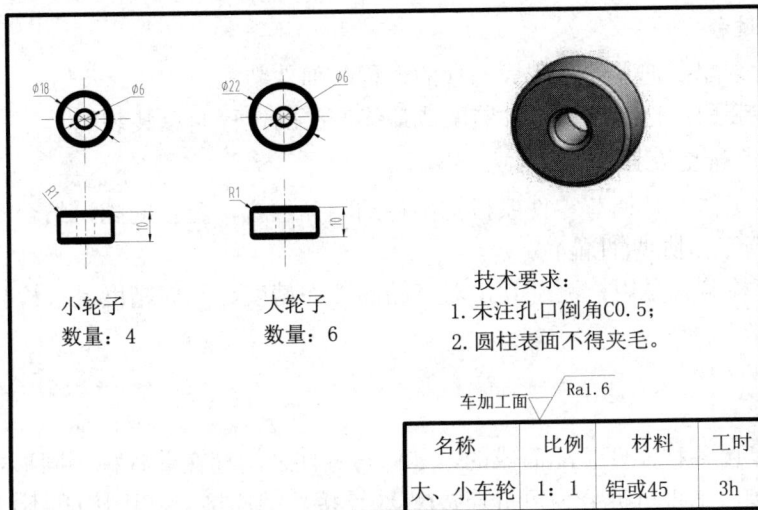

小轮子
数量：4

大轮子
数量：6

技术要求：
1. 未注孔口倒角C0.5；
2. 圆柱表面不得夹毛。

车加工面 Ra1.6

名称	比例	材料	工时
大、小车轮	1：1	铝或45	3h

图 10-7　坦克车轮

[知识储备]

一、装配的基础知识

1. 装配

装配是指按照规定的技术要求，将若干个零件组装成部件或将若干个零件和部件组装成产品的过程。即：把已经加工好并经检验合格的单个零件，通过各种形式依次连接或固在一起，使之成为部件或产品的过程，叫做装配。

装配分为组件装配、部件装配和总装配。整个装配过程要依次进行，根据产品设计要求和标准，使产品达到其使用说明书的规格和性能要求。

2. 装配工作的基本要求

(1) 装配时，应检查零件与装配有关的形状和尺寸精度是否合格，检查有无变形、损坏等，并应注意零件上各种标记，防止错装。

(2) 固定连接的零部件，不允许有间隙。活动的零件能在正常的间隙下，按规定方向灵活均匀地运动，不应有跳动。

(3) 各运动部件(或零件) 的接触表面，必须保证有足够的润滑。应检查各个部件连接的可靠性和运动的灵活性，以及各零件安装是否在合适的位置。

3. 装配的工艺过程

1) 制定装配工艺过程的步骤(准备工作)

(1) 研究分析坦克模型装配图，了解模型的结构、各零件的作用、相互关系及连接方法。

(2) 确定装配方法，确定装配顺序。

(3) 选择准备装配时所需的工具、量具和辅具等。

(4) 制定装配工艺卡片。

2) 装配过程

(1) 部件装配：把零件装配成部件的过程叫部件装配。

(2) 总装装配：把零件和部件装配成最终产品的过程叫总装装配。

3) 调整、精度检验

(1) 调整工作就是调节零件或机构部件的相互位置，配合间隙，结合松紧等，目的是使机构或机器工作协调(性能)。

(2) 精度检验就是用检测工具，对产品的工作精度、几何精度进行检验，直至达到技术要求为止。

二、连接

机器都是由各种零件装配而成的，零件与零件之间存在着各种不同形式的连接。

根据连接后是否可拆分为可拆连接(螺纹连接、销连接、键连接)和不可拆连接(焊接、铆接、粘接)。

在坦克模型制造项目中，我们要用的连接主要有螺纹连接与粘接。

1. 螺纹连接

螺纹连接是利用螺纹零件工作的，它可以将若干个零件连接在一起，装拆方便、结构简单、工作可靠，在机械设备中应用广泛。

常用的螺纹连接件有：螺栓、双头螺柱、螺钉、螺母和垫片等。这些零件都是标准件，结构、形状、尺寸都制定有国家标准，

1) 螺纹连接的类型、特点和应用

(1) 螺栓连接。螺栓连接在被连接件上开有通孔，被连接件孔中不加工螺纹。螺栓连接结构简单，装拆方便，使用时不受被连接件材料的限制，应用极广。螺栓连接如图 10-8 所示。

(2) 双头螺柱连接。双头螺柱连接是指用两头均有螺纹的螺柱和螺母把被连接件连接起来，被连接件之一为光孔，另一个为螺纹孔。双头螺柱连接适用于被连接件之一厚度很大，而又不宜钻通孔，但又经常拆卸的地方。双头螺柱连接如图 10-9 所示。

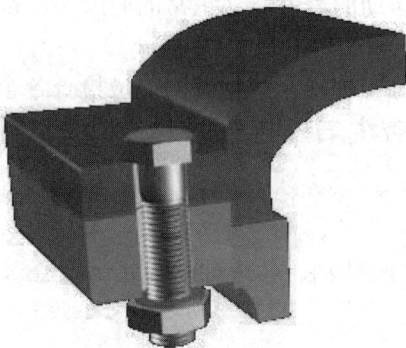

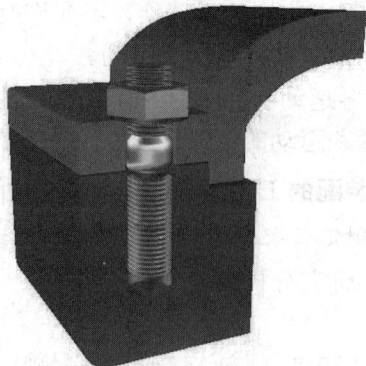

图 10-8　螺栓连接　　　　　　图 10-9　双头螺柱连接

(3) 螺钉连接。螺钉连接被连接件之一为光孔、另一个为螺纹孔。只用螺钉，不用螺

母，直接把螺钉拧进被连接件的螺钉中。螺钉连接适用于载荷较轻，且不经常装拆的场合。螺钉连接如图 10-10 所示。

(4) 紧定螺钉连接。紧定螺钉连接利用拧入被连接件螺纹孔中的螺钉末端顶住另一零件的表面，以固定零件的相对位置，可传递不大的力或扭矩。紧定螺钉连接如图 10-11 所示。

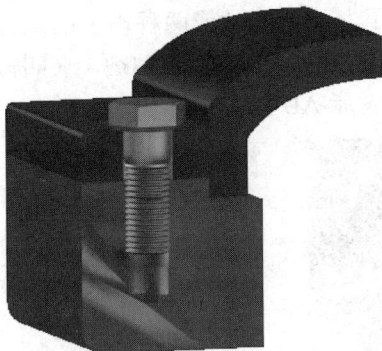

图 10-10　螺钉连接

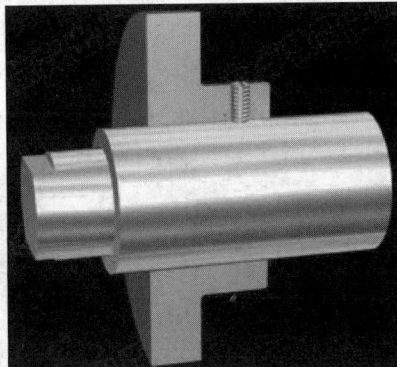

图 10-11　紧定螺钉连接

2) 标准螺纹连接件的类型

螺栓、螺柱、螺钉连接件头部形状有圆头、扁圆头、六角头、圆柱头和沉头等，如图 10-12 所示。头部起子槽有一字槽、十字槽和内六角孔等形式。

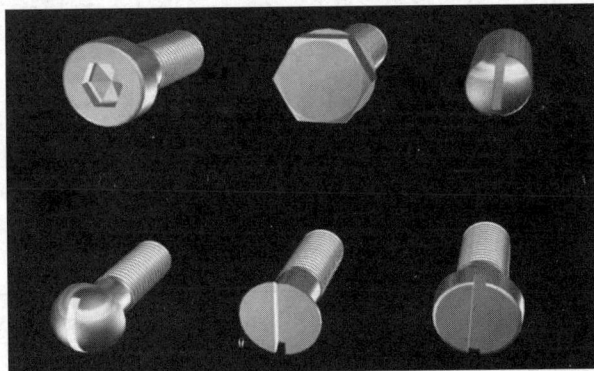

图 10-12　连接件头部形状

3) 螺纹连接的使用工具

(1) 在装配过程中，利用活络扳手或呆扳手将螺母或螺栓头拧紧来进行连接，如图 10-13 所示。

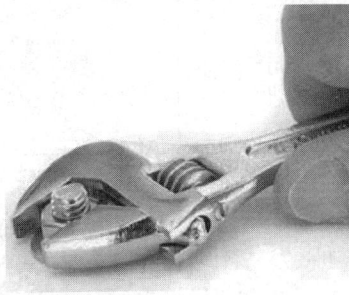

图 10-13　扳手拧紧连接

(2) 在装配过程中，利用螺丝刀将螺钉拧紧来进行连接，如图 10-14 所示。

(3) 在装配过程中，利用内六角扳手将螺栓拧紧来进行连接，如图 10-15 所示。

2. 粘接

(1) 粘接。粘接是用胶粘剂将被连接件连接成一体的不可拆连接。

(2) 胶粘剂。通过界面的粘附和物质的内聚等作用，能使两种或两种以上的制件或材料连接在一起的天然的或合成的、有机的或无机的一类物质，统称为胶粘剂，又叫做粘合剂，习惯上称为胶。机械装配中常用的胶粘剂有环氧树脂 AB 胶，如图 10-16 所示。

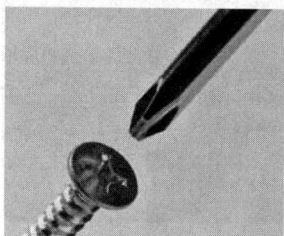

图 10-14　螺丝刀拧紧连接　　图 10-15　内六角扳手拧紧连接　　图 10-16　粘接用 AB 胶

A 组与 B 组按一定比例混合，25℃时 5 分钟即干透，温度越高干透时间越短。利用粘合剂可以粘结塑料与塑料、塑料与金属、金属与金属。

［**项目实施**］

任务一　车身 1 加工

车身 1 加工步骤见表 10-1。

表 10-1　车身 1 加工

	工　序	示　范	操作说明
划线	1.检查材料外形尺寸,划出斜面加工线与孔位线,打好样冲眼	划线方法如项目三图 3-25、图 3-26、图 3-27 所示	划线前一定要先加工好一个垂直基准面作为划线基准
加工	2. 加工 90° 斜面		(1) 锯削 1、2 面余料 (2) 粗、精锉二面,达到尺寸 10 与 90° 倾斜度及平面度、粗糙度等要求
	3. 加工 75° 斜面		(1) 锯削 3、4 面余料 (2) 粗、精锉二面,达到尺寸 13、75° 倾斜度及平面度、粗糙度等要求

工　序	示　范	操作说明
4. 加工车轮安装孔		(1) 钻 $\phi 4.2 \times 10$ 螺纹底孔 (2) 攻 M5 螺纹，要防止攻断、防止烂牙
5. 加工车身1与车身2连接孔		(1) 钻 $\phi 9$ 孔 (2) 锪 $\phi 12$ 柱形埋头孔 (3) 注意孔距正确
6. 加工连接炮塔螺纹孔		(1) 钻 $\phi 8.5$ 底孔 (2) 攻 M10 内螺纹
检查	7. 精度检验，所有表面打光	精加工采用推锉的方法来保证锉削纹理一致

任务二　车身2加工

车身2加工步骤见表10-2。

表10-2　车身2加工

	项　目	示　范	操作说明
划线	1. 检查材料外形尺寸，划出斜面加工线与孔位线，打好样冲眼		划线前一定要先加工好一个垂直基准面作为划线基准
加工	2. 加工车身2与车身1连接螺纹孔与 $\phi 11$ 通孔		(1) 钻 $2 \times \phi 6.8$ 螺纹底孔 (2) 钻 $\phi 11$ 通孔。注意孔距间的正确性 (3) 攻 M8 螺纹，防止攻断、防止烂牙
	3. 加工 35° 斜面		(1) 锯削斜面余料 (2) 粗、精锉斜面，达到尺寸96、35° 倾斜度及平面度、粗糙度等要求
检查	4. 精度检验，所有表面打光		精加工采用推锉的方法来保证锉削纹理一致

任务三 炮 塔 加 工

炮塔加工步骤见表 10-3。

表 10-3 炮塔加工

	项 目	示 范	操作说明
划线	1. 检查材料外形尺寸,划出六角加工线与孔位线,打好样冲眼		教师把圆片材料提前准备好(建议在车工实习时作为实习课题)
加工	2. 钻 $\phi 11$ 中心孔		(1) 钻 $\phi 6$ 底孔 (2) $\phi 11$ 钻头扩孔
	3. 加工炮塔第 1 面(基准面)		(1) 锯削第 1 面余料 (2) 粗、精锉第 1 面,达到孔中心到边距离为 24,并保证平面度、侧面垂直度、粗糙度要求
	4. 加工炮塔第 2 面		(1) 锯削第 2 面余料 (2) 粗、精锉第 2 面,达到 1、2 面尺寸 48,并保证平行度、侧面垂直度、粗糙度要求
	5. 加工炮塔第 3 面		(1) 锯削第 3 面余料 (2) 粗、精锉第 3 面,达到孔中心到边距离为 24,并保证 3 面与 1 面角度 120°、倾斜度、侧面垂直度、粗糙度要求

项　目	示　范	操作说明
加 工	6. 加工炮塔第 4 面	(1) 锯削第 4 面余料 (2) 粗、精锉第 4 面，达到 3、4 面尺寸 48，并保证平行度、侧面垂直度、粗糙度要求
	7. 加工炮塔第 5 面	(1) 锯削第 5 面余料 (2) 粗、精锉第 5 面，达到孔中心到边距离为 24，并保证 5 面与 1 面角度 120°、倾斜度、侧面垂直度、粗糙度要求
	8. 加工炮塔第 6 面	(1) 锯削第 6 面余料 (2) 粗、精锉第 6 面，达到 5、6 面尺寸 48，并保证平行度、侧面垂直度、粗糙度要求
	9. 加工炮塔斜螺纹孔	(1) 工件 30°夹在平口钳上 (2) 用中心钻定位 (3) 钻ϕ6.8 底孔，钻通 (4) 攻 M8 螺纹
	10. 倒圆角	依次倒 R4 圆角。
检 查	11. 精度检验，所有表面打光	精加工采用推锉的方法来保证锉削纹理一致

任务四　炮塔垫片加工

炮塔垫片加工步骤见表10-4。

表 10-4　炮塔垫片加工

	项　目	示　范	操作说明
划线	1. 检查材料外形尺寸，划出六角加工线与孔位线，打好样冲眼	φ30	教师把圆片材料提前准备好(建议在车工实习时作为实习课题)
加工	2. 钻 φ11 孔	φ11	(1) 钻 φ6 底孔 (2) φ11 钻头扩孔
	3. 加工六角垫片第 1 面(基准面)	13	(1) 锯削第 1 面余料 (2) 粗、精锉第 1 面，达到孔中心到边距离为 13，并保证平面度、侧面垂直度、粗糙度要求
	4. 依次加工六角垫片第2、3、4、5、6面		(1) 保证孔中心到边尺寸相等 (2) 保证 6×120° 相等 (3) 保证三组平行度、侧面垂直度、粗糙度要求
	5. 倒圆角		依次倒 R1 圆角
检查	6. 精度检验，所有表面打光		精加工采用推锉的方法来保证锉削纹理一致

任务五 模型坦克装配

模型坦克装配步骤见表 10-5。

表 10-5 模型坦克装配步骤

项 目	示 范	操作说明
1. 车身装配		(1) 安装车身1与车身2连接螺栓 (2) 调整位置,用内六角扳手拧紧
2. 十字,H 嵌块安装		(1) 用 A、B 胶调和后粘接 (2) 嵌块与车身 2 边缘线对齐
3. 炮塔安装备		(1) 炮塔,炮塔垫片安装 (2) 炮管孔位置确定向前,用扳手拧紧六角螺栓
4. 安装坦克车轮		(1) 大、小轮子位置确定 (2) 拧紧盘头螺钉,保证螺钉与车轮之间有一定间隙,使轮子灵活转动
5. 炮管安装		在炮塔斜螺纹孔处拧上 M8×100 内六角螺栓,作为炮管
6. 装配精度检查、调整		发现问题,组员之间及时商量,与老师沟通,及时修整

[项目评价]

1. 项目评价说明

(1) 本实训项目采用过程考核的办法,以各团队制作项目结果为依据。按《钳工团队实训项目评价表》考核组员动手能力、知识应用能力、职业素质、团队合作等方面的内容。

(2) 遵循多元智能理论,依据学生不同智能特点,实行差异化考核,学生自评占 30%,组评占 30%,教师对学生个体进行评价占 40%。

2. 项目评价表

项目完成后需认真填写项目评价表,进行项目总结。团队成员将自己制作的零件任务名称填至评价表括号中,项目评价表见表 10-6。

表 10-6　钳工团队实训制造项目评价表

项目名称		模型坦克————(　　　　　)					
班级				姓名		学号	
评价项目		评价项目	要　求	自评 (30%)	组评 (30%)	师评 (40%)	分项成绩
工程能力评价 (55 分)	工、量具使用 (10 分)		使用方法正确				
	零件图纸绘制 (10 分)		图纸绘制正确、规范				
	加工工艺 (10 分)		加工工艺正确,流程合理				
	零件精度 (25 分)		加工精度达到设计要求				
工程素养评价 (25 分)	团队协作 (10 分)		有团队协作意识				
	安全生产 (5 分)		无事故、损毁、环境整洁				
	实习态度 (5 分)		很踏实、认真、刻苦、求实				
	文明礼貌 劳动纪律 (5 分)		讲文明礼貌,遵守劳动纪律				
团队得分说明			(教师评价说明)		团队成绩(20 分)		
教师签名				组长签名		总成绩	

[知识拓展]

导弹车模型制作——团队合作

一、销连接与键连接

1. 销连接

销连接主要用于定位，即固定两件之间的相对位置，是组合加工和装配时的辅助零件，也用于轴与毂的连接或其他零件的连接，还可作为安全装置中的过载剪断零件。

销连接将若干个零件连接在一起，装拆方便、结构简单、工作可靠，在机械设备中应用广泛。常用的销连接类型有圆柱销连接、圆锥销连接、开口销连接。

1) 圆柱销连接

圆柱销连接销与孔需过盈配合，经常拆装会导致零件孔径变大，圆柱销容易掉落，因此圆柱销连接只能用于传递载荷不大的场合。圆柱销及其连接如图 10-17 和图 10-18 所示。

图 10-17　圆柱销

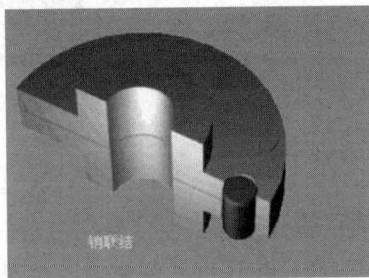

图 10-18　圆柱销连接

2) 圆锥销连接

圆锥销具有 1∶50 的锥度，小头直径为标准值。圆锥销安装方便，定位精度高，可多次装拆而不影响定位精度，应用较广。圆锥销及其连接如图 10-19 和图 10-20 所示。

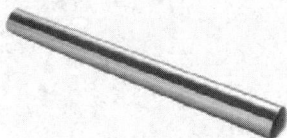

图 10-19　圆锥销

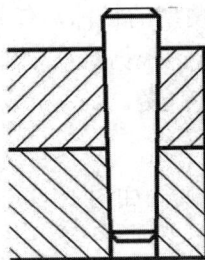

图 10-20　圆锥销连接

3) 开口销连接

开口销主要应用于固定带孔的圆柱销或带槽螺母的装配操作，用手或钳子将开口销插入圆柱销内，用螺丝刀将开口销掰开，起到活动连接的作用。带孔圆柱开口销连接和带槽螺母开口销连接如图 10-21 和图 10-22 所示。

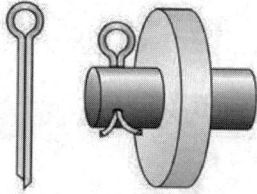

图 10-21　带孔圆柱开口销连接　　　　　图 10-22　带槽螺母开口销连接

2. 键连接

键连接用来连接轴上零件，并通过对它们的周向固定作用，以达到传递扭矩的一种机械零件。其连接类别有较松键连接和紧键连接。键连接具有结构简单、装拆方便、工作可靠及标准化等特点，在机械中应用极为广泛。键、轴、齿轮的装配连接如图 10-23 所示。

图 10-23　键、轴、齿轮的装配连接

二、导弹车项目

1. 项目简介

本制造项目为模型导弹车，与模型坦克相比较，本项目零件数量有所增加，部分材料外形较薄，在装配过程中不仅要用到螺纹连接，还要用到销连接，因钻孔孔径较小，钻孔精度要求较高。

实训模式是采用团队分工协作来完成模型制作。结合钳工实训以手工操作为主的特点，以团队的形式进行导弹车模型的制作，建议 6～7 名同学为一组，在一个星期之内达到每组完成一辆模型的目标，任课教师与组长依据组员个体综合能力进行任务的合理分配，组员领取任务，根据图纸要求加工完成模型的一个或两个零件，最后进行组件装配与总装配，完成制作任务。

2. 图纸准备

(1) 导弹车立体图如图 10-24 所示。

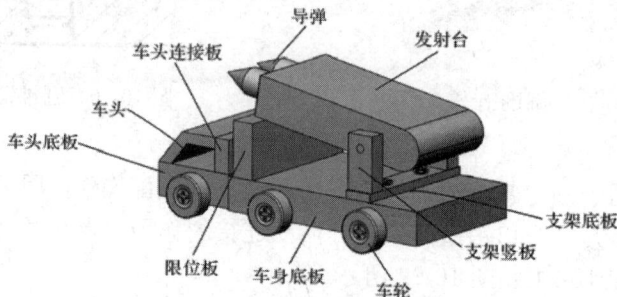

图 10-24　导弹车模型立体图

(2) 导弹车模型装配图，如图 10-25 所示。

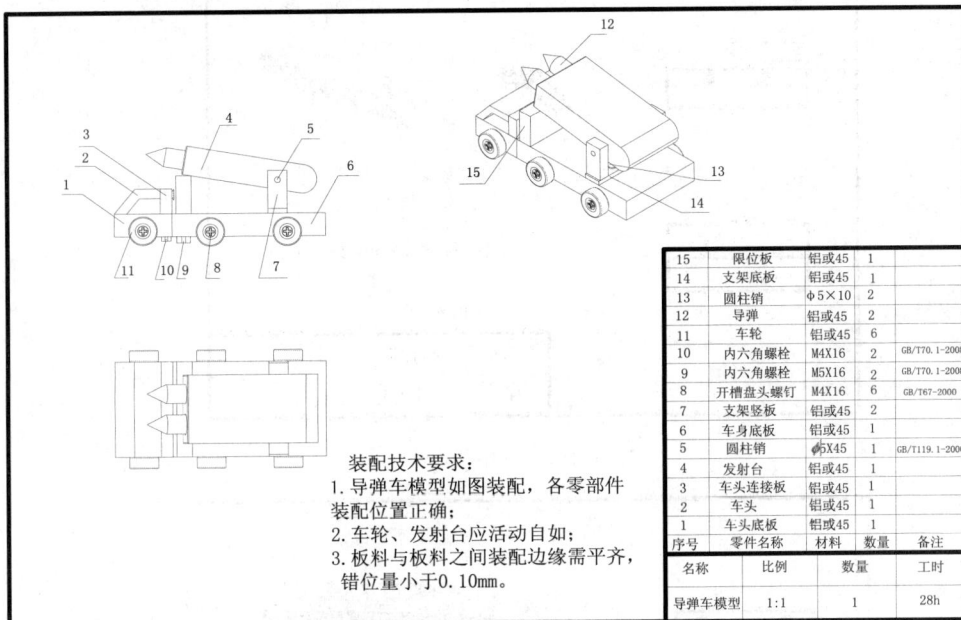

15	限位板	铝或45	1	
14	支架底板	铝或45	1	
13	圆柱销	φ5×10	2	
12	导弹	铝或45	2	
11	车轮	铝或45	6	
10	内六角螺栓	M4X16	2	GB/T70.1-2008
9	内六角螺栓	M5X16	2	GB/T70.1-2008
8	开槽盘头螺钉	M4X16	6	GB/T67-2000
7	支架竖板	铝或45	1	
6	车身底板	铝或45	1	
5	圆柱销	φ5X45	1	GB/T119.1-2000
4	发射台	铝或45	1	
3	车头连接板	铝或45	1	
2	车头	铝或45	1	
1	车头底板	铝或45	1	
序号	零件名称	材料	数量	备注

名称	比例	数量	工时
导弹车模型	1:1	1	28h

装配技术要求:
1. 导弹车模型如图装配，各零部件装配位置正确;
2. 车轮、发射台应活动自如;
3. 板料与板料之间装配边缘需平齐，错位量小于0.10mm。

图 10-25　导弹车模型装配图

(3) 导弹车零件图如图 10-26～图 10-33 所示。图 10-29 和图 10-30 为导弹与车轮零件图，需要实训教师提前车削准备好，发放给组长。

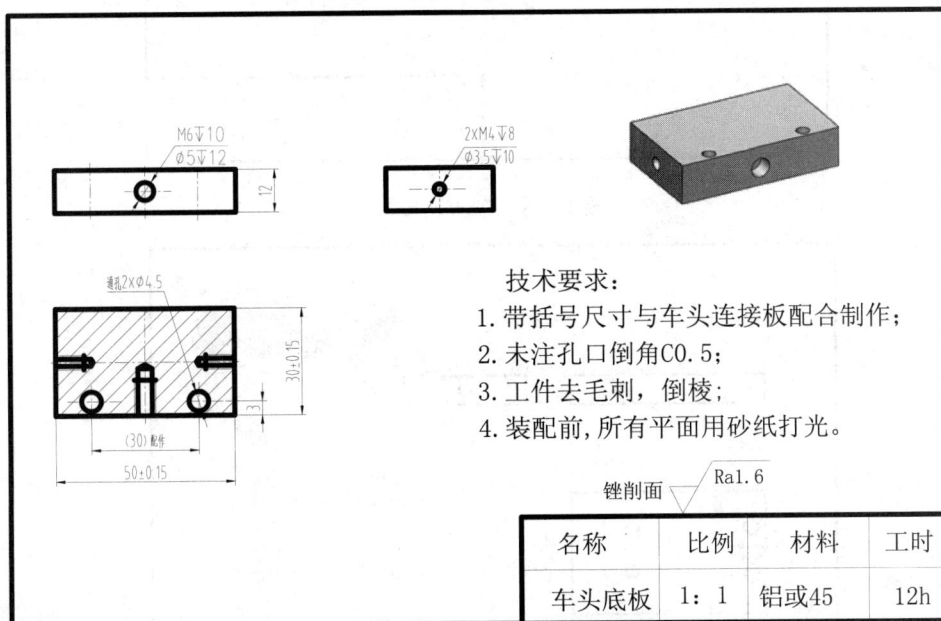

技术要求:
1. 带括号尺寸与车头连接板配合制作;
2. 未注孔口倒角C0.5;
3. 工件去毛刺，倒棱;
4. 装配前，所有平面用砂纸打光。

锉削面　　Ra1.6

名称	比例	材料	工时
车头底板	1:1	铝或45	12h

图 10-26　车头底板

1:1

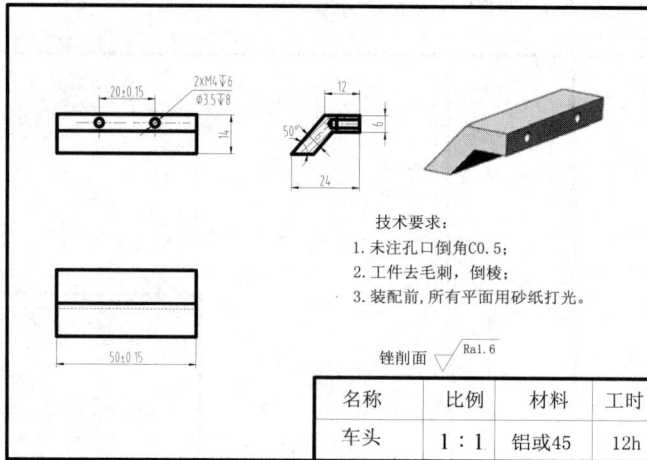

技术要求:
1. 未注孔口倒角C0.5;
2. 工件去毛刺, 倒棱;
3. 装配前, 所有平面用砂纸打光。

锉削面 $\sqrt{\text{Ra1.6}}$

名称	比例	材料	工时
车头	1∶1	铝或45	12h

图 10-27　车头

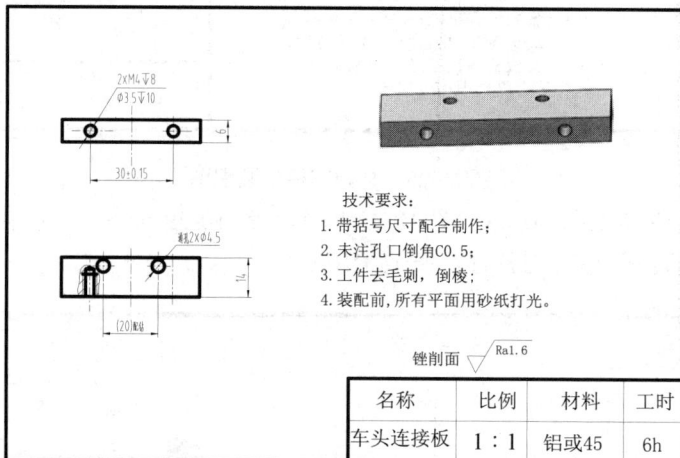

技术要求:
1. 带括号尺寸配合制作;
2. 未注孔口倒角C0.5;
3. 工件去毛刺, 倒棱;
4. 装配前, 所有平面用砂纸打光。

锉削面 $\sqrt{\text{Ra1.6}}$

名称	比例	材料	工时
车头连接板	1∶1	铝或45	6h

图 10-28　车头连接板

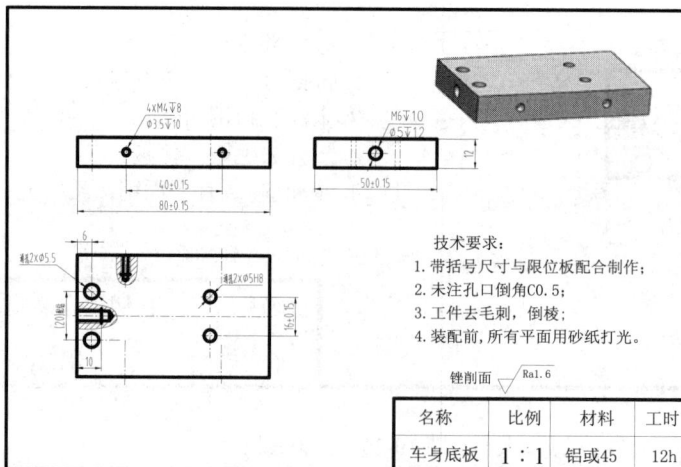

技术要求:
1. 带括号尺寸与限位板配合制作;
2. 未注孔口倒角C0.5;
3. 工件去毛刺, 倒棱;
4. 装配前, 所有平面用砂纸打光。

锉削面 $\sqrt{\text{Ra1.6}}$

名称	比例	材料	工时
车身底板	1∶1	铝或45	12h

图 10-29　车身底板

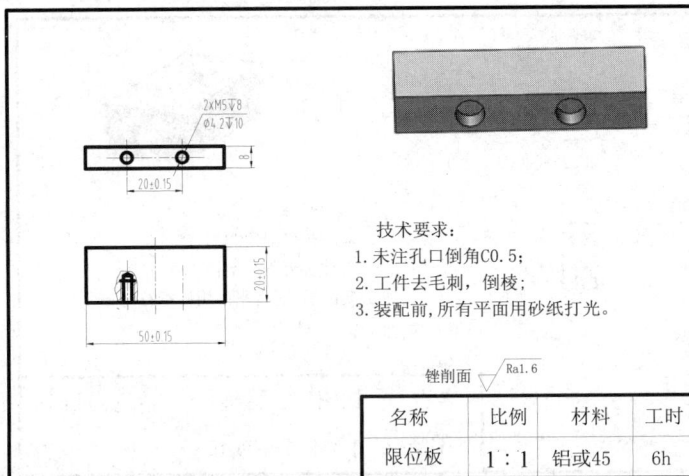

技术要求：
1. 未注孔口倒角C0.5；
2. 工件去毛刺，倒棱；
3. 装配前,所有平面用砂纸打光。

锉削面　√Ra1.6

名称	比例	材料	工时
限位板	1：1	铝或45	6h

图 10-30　限位板

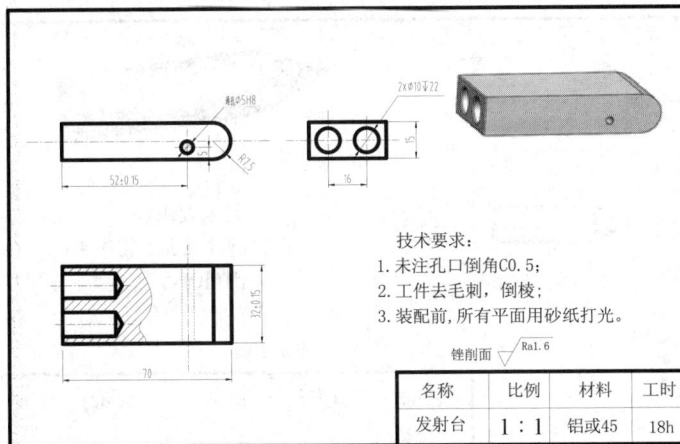

技术要求：
1. 未注孔口倒角C0.5；
2. 工件去毛刺，倒棱；
3. 装配前,所有平面用砂纸打光。

锉削面　√Ra1.6

名称	比例	材料	工时
发射台	1：1	铝或45	18h

图 10-31　发射台

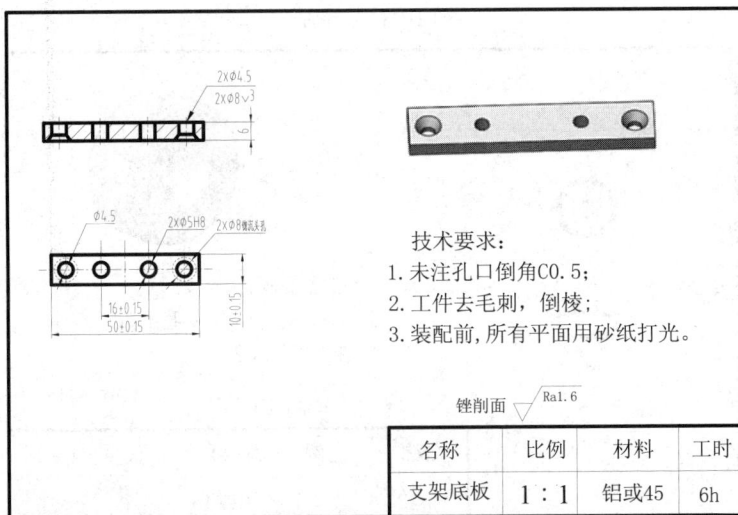

技术要求：
1. 未注孔口倒角C0.5；
2. 工件去毛刺，倒棱；
3. 装配前,所有平面用砂纸打光。

锉削面　√Ra1.6

名称	比例	材料	工时
支架底板	1：1	铝或45	6h

图 10-32　支架底板

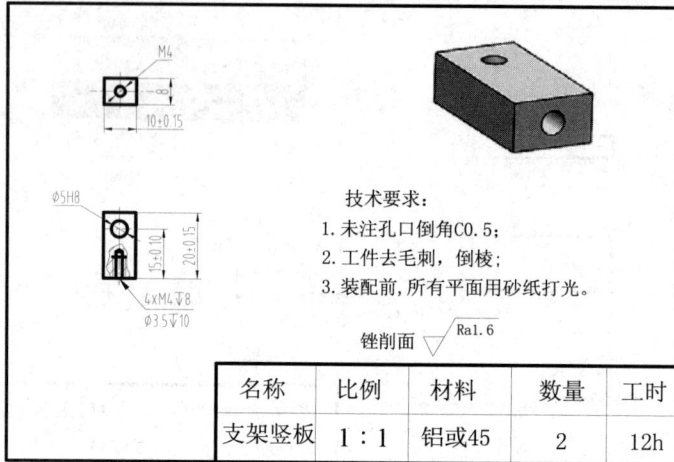

技术要求：
1. 未注孔口倒角C0.5；
2. 工件去毛刺，倒棱；
3. 装配前，所有平面用砂纸打光。

锉削面 $\sqrt{\text{Ra1.6}}$

名称	比例	材料	数量	工时
支架竖板	1：1	铝或45	2	12h

图 10-33　支架竖板

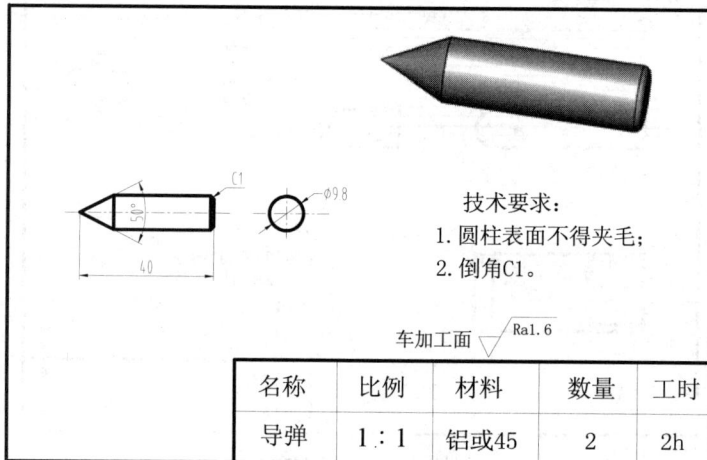

技术要求：
1. 圆柱表面不得夹毛；
2. 倒角C1。

车加工面 $\sqrt{\text{Ra1.6}}$

名称	比例	材料	数量	工时
导弹	1：1	铝或45	2	2h

图 10-34　导弹

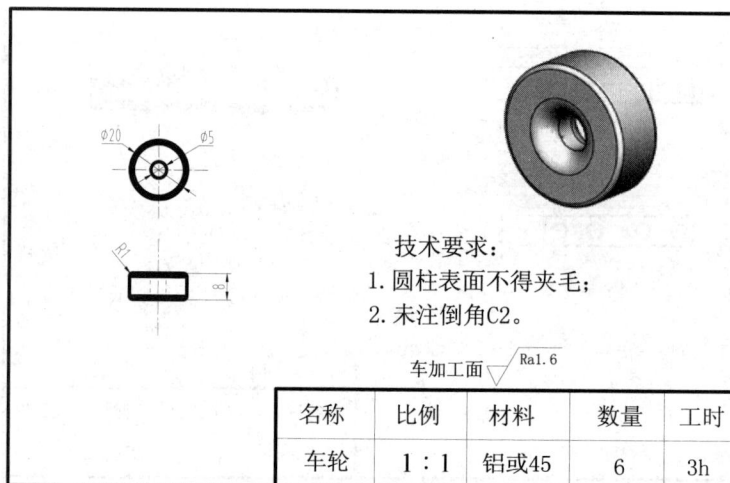

技术要求：
1. 圆柱表面不得夹毛；
2. 未注倒角C2。

车加工面 $\sqrt{\text{Ra1.6}}$

名称	比例	材料	数量	工时
车轮	1：1	铝或45	6	3h

图 10-35　车轮

3. 项目制作评价表

项目完成后需认真填写项目评价表，进行项目总结。团队成员将自己制作的零件任务名称填至评价表括号中，项目评价表见表 10-7。

表 10-7　钳工团队实训制造项目评价表

项目名称		导弹车模型——（　　　　）					
班级				姓名		学号	
评价项目		评价项目	要　求	自评 (30%)	组评 (30%)	师评 (40%)	分项 成绩
工程能力 评价 (55 分)		工、量具使用 (10 分)	使用方法正确				
		零件图纸绘制 (10 分)	图纸绘制正确、规范				
		加工工艺 (10 分)	加工工艺正确，流程合理				
		零件精度 (25 分)	加工精度达到设计要求				
工程素养 评价 (25 分)		团队协作 (10 分)	有团队协作意识				
		安全生产 (5 分)	无事故、损毁、环境整洁				
		实习态度 (5 分)	很踏实、认真、刻苦、求实				
		文明礼貌 劳动纪律 (5 分)	讲文明礼貌，遵守劳动纪律				
团队得分说明			(教师评价说明)		团队成绩(20 分)		
教师签名			组长签名		总成绩		

项目十一　冲压模具拆装

[项目图样]

垫片复合模总装图如图 11-1 所示。

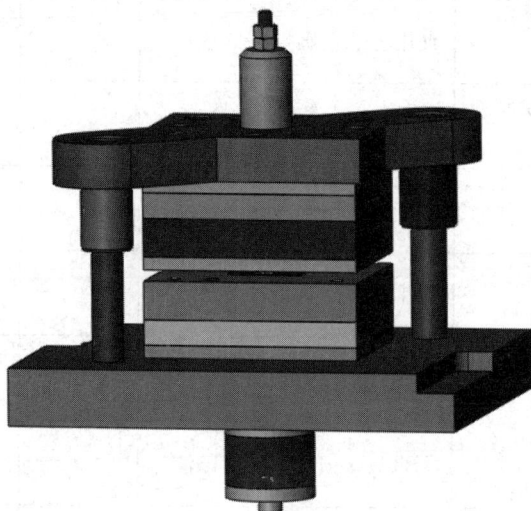

图 11-1　垫片复合模总装图

[项目简介]

冲压模具，是在冷冲压加工中，将材料(金属或非金属)加工成零件(或半成品)的一种特殊工艺装备，称为冷冲压模具(俗称冷冲模)。冲压模具的形式很多，根据工艺性质可分为冲裁模、弯曲模、拉深模和成形模；根据工序组合程度可分为单工序模、复合模和级进模。我们要拆装训练的模具是生产垫片的一副复合模。

通过对垫片复合模的拆装，如图 11-1 所示，初步了解冲压复合模具的整体结构，配合方式，工作原理，掌握各种钳工拆装工具的使用，掌握正确的模具拆装工艺，培养学生的动手能力、分析问题和解决问题的能力。

[项目准备]

(1) 选择垫片复合模一副，如图 11-1 所示(可根据实际生产情况予以选取)。

(2) 拆装用操作工具：内六角扳手、旋具、平行垫铁、台虎钳、铜棒、手锤、盛物容器等。

(3) 拆装用量具：游标卡尺、角尺、直尺、千分尺等。

(4) 实训准备：

① 小组人员分工：同组人员对拆卸、观察、测量、记录、绘图、装配等分工负责。

② 工具准备：领用并清点拆装和测量所用的工量具，了解工量具的使用方法及使用要求；实训结束时按清单清点工量具，并交指导教师验收。

③ 熟悉实训要求：复习有关理论知识，详细阅读本书相关内容，在实训过程中详细记录实训报告所要求的内容。拆装实训时带齐绘图仪器和纸张。

[知识储备]

一、模具基础知识

1. 认识模具

采用各种压力设备及其专用工具，通过压力或动力，在常温或高温状态下，使金属或非金属材料得到需要的变形，这种专用工具统称为模具。用模具制造出来的各种零件通常称为"制件"，是实现无切屑加工的主要形式。图 11-2 为生活中常见的制件。

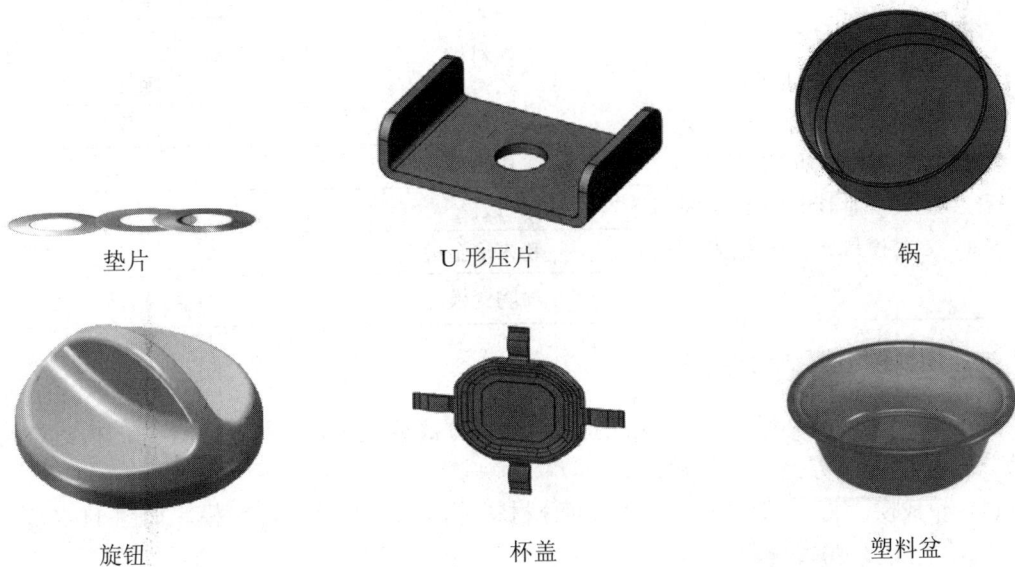

垫片　　　　　　U 形压片　　　　　　锅

旋钮　　　　　　杯盖　　　　　　塑料盆

图 11-2　制件

2. 模具的作用

模具是工业生产中使用极为广泛的工艺装备，模具工业是国民经济发展的重要基础工业之一，也是一个国家加工制造业发展水平的重要标志。如汽车、电器电机、仪器仪表、航空航天、机械制造、轻工产品等行业，有 60%～90% 的零部件需用模具加工。如螺钉，螺母、垫圈等标准件，没有模具就无法大批量生产。新材料的推广应用，如工程塑料、粉末冶金、橡胶、合金压铸、玻璃成型等工艺也需要模具来完成批量生产。

3. 模具的分类

模具的分类见表 11-1。

表 11-1　模具的分类

按结构形式分类	按工艺性质进一步分类	按工序分类
冷冲模 在常温下，把金属或非金属板料放入模具内，通过压力机和安装在压力机上的模具对板料施加压力，使板料发生分离或变形而制成所需要的零件，该类模具称为冷冲模。	冲裁模	落料模
		冲孔模
		切边模
	弯曲模	弯形模
		卷边模
	成形模	整形模
		缩口模
		翻边模
		压印模
	拉深模	
	冷挤压模	
型腔模 把经过加热或熔化的金属、非金属材料，放入或通过压力送入模具型腔内，经过加压，待冷却后，按型腔表面形状形成所需的零件，这类模具统称为型腔模。	塑料模	注塑模
		挤出模
		压缩模
		吹塑模
	压铸模	
	锻模	
	粉末冶金模	
	陶瓷模	

二、冲压模具的主要结构类型

在常温状态下，利用压力设备的压力使坯料分离或变形，从而制成零件的模具称为冷冲模。冷冲模一般分为以下几种：

(1) 冲裁模。将一部分材料与另一部分材料分离的模具称为冲裁模，如图 11-3 所示。

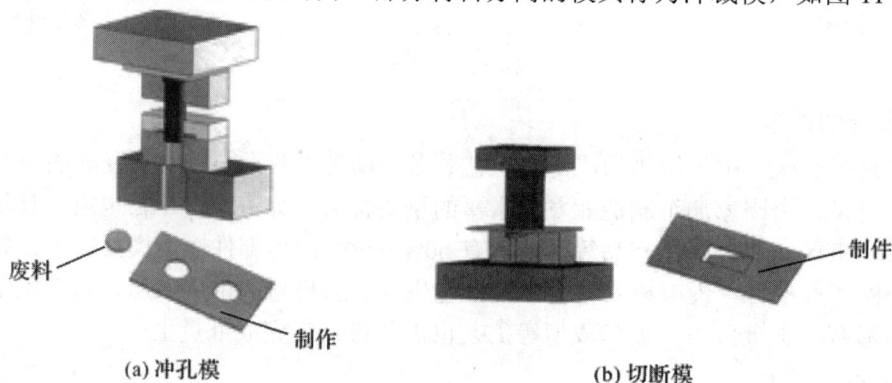

(a) 冲孔模　　　　　　　　　(b) 切断模

图 11-3　冲裁模简图

(2) 弯曲模。能将坯料弯曲成一定形状的模具称为弯曲模，如图 11-4 所示。

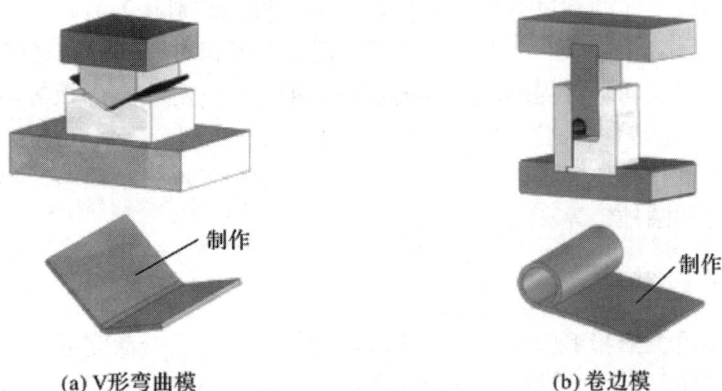

(a) V形弯曲模　　　　　　　　　(b) 卷边模

图 11-4　弯曲模简图

(3) 拉深模。将坯料拉深成开口空心零件或进一步改变空心工件形状或尺寸的模具称为拉深模，如图 11-5 所示。

图 11-5　拉深模简图

(4) 成形模。在冲裁、弯曲或拉深的零件上，进一步改变其局部形状的模具称为成形模。

(5) 冷挤压模。将较厚的毛坯材料制成薄壁空心零件的模具称为冷挤压模。

三、冲压模具其它分类方式

按工序组合分为单工序模(又称简单模)、复合模、连续模等。

按导向方式分为无导向模、导柱模、导板模、导筒模等。

按机械化程度分为手工操作模、半自动化模、自动化模等。

按生产适应性分为通用模、专用模。

按冲模材料分为钢模、铸铁模、锌基合金模、聚氨酯橡胶模等。

按冲模尺寸分为大型冲模、中型冲模、小型冲模。

四、冲压模零件的类型及功用

冲压模一般都是由固定和活动两个部分组成。固定部分是用压板、螺栓等紧固件固定在压力机的工作台面上，称为下模；活动部分一般固定在压力机的滑块上，称为上模。上模随滑块作上、下往复运动，从而进行冲压工作。根据模具零件的功用，冲压模零件分为以下五个类型。

(1) 工作零件。这是完成冲压工作的零件，如凸模、凹模、凸凹模等。

(2) 定位零件。这些零件的功用是保证送料有良好的导向和控制送料进距，如挡料销、定距侧刃、导正销、定位板、导料板、侧压块等。

(3) 卸料与推料零件。这些零件的功用是保证在冲压工序完毕后将制件和废料排除，以保证下一次冲压工序顺利进行，如弹顶器、卸料板、废料切刀等。

（4）导向零件。这些零件的功用是保证上模与下模相对运动时有精确的导向，使凸模和凹模之间有均匀的间隙，提高冲压件的质量。如导柱、导套、导板等。

（5）支承与固定零件。这些零件的功用是将上述四个部分零件联结成"整体"，保证各零件间的相对位置，并使模具能安装在压力机上。如上模座、下模座、模柄、固定板、垫板、内六角螺钉和圆柱销等。

五、复合模的基本结构

复合模主要由上模和下模两大部分组成。它的特点是能一次完成制件的落料、冲孔工序。模具的上下往复运动由导柱、导套导向；工作零件凸模、凹模、凸凹模分别紧固在固定板内或上下模座上；卸料机构由卸料板、卸料螺钉、橡胶（或弹簧）、打杆、推件块等构成，主要作用是将成品或废料从模具中顶出，确保下一循环的冲裁顺利进行。通过图11-6和图11-7垫片冲孔落料复合模上模及下模分解图，可了解本复合模的基本结构组成。

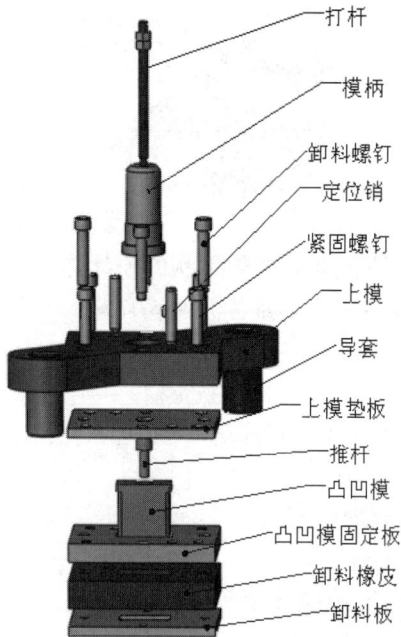

图11-6　垫片复合模上模分解图

打杆
模柄
卸料螺钉
定位销
紧固螺钉
上模
导套
上模垫板
推杆
凸凹模
凸凹模固定板
卸料橡皮
卸料板

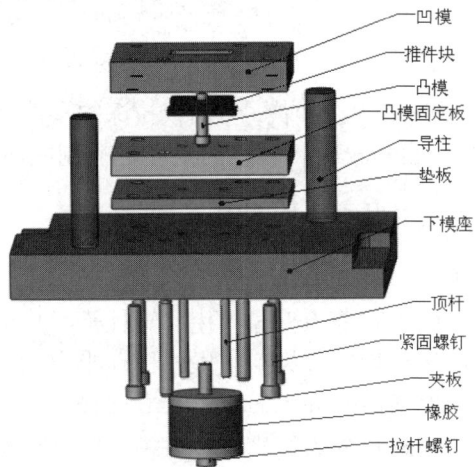

图11-7　垫片复合模下模分解图

凹模
推件块
凸模
凸模固定板
导柱
垫板
下模座
顶杆
紧固螺钉
夹板
橡胶
拉杆螺钉

六、本复合模结构的工作原理

本复合模由上模和下模组成，特点是能一次完成制件的落料、冲孔工序。当上模座下行时，先由导柱进入导套，继续下行，卸料板压紧板料，凸凹模一次完成落料和冲孔两道工序，冲裁结束后，制件卡在落料凹模内腔由推件块推出，板料由卸料板卸下，冲孔废料由打杆推动推杆打出，完成一次冲裁。垫片复合模与制件示意图如图11-8所示。

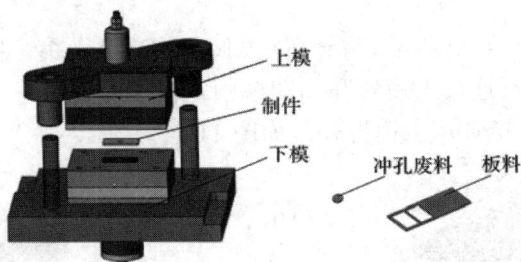

图 11-8　垫片复合模与制件示意图

七、拆卸与装配注意事项

(1) 拆卸模具之前，应先分清可拆卸件和不可拆卸件，针对各种模具具体分析其结构特点，制定模具拆卸顺序及方法的方案，提请指导教师审查。

(2) 拆卸和装配模具时，首先应仔细观察模具，务必搞清楚模具零部件的相互装配关系和紧固方法，并按钳工的基本操作方法进行，以免损坏模具零件。

(3) 一般冷冲压模具的导柱、导套以及用浇注或铆接方法固定的凸模等为不可拆卸件或不宜拆卸件。拆卸时一般首先将上下模分开，然后分别将上下模作紧固用的紧固螺钉拧松，再打出销钉，用拆卸工具将模芯各板块拆下，最后从凸凹模固定板中压出凸凹模，从凸模固定板中压出凸模(如图 11-6、图 11-7 所示)，达到可拆卸零件全部分离。

(4) 拆卸模具按所拟拆卸顺序进行模具拆卸。要求分析拆卸连接件的受力情况，对所拆下的每一个零件进行观察、测量并做记录。记录拆下零件的位置，按一定顺序摆放好，避免在组装时出现错误或漏装零件。

(5) 拆卸时准确使用拆卸工具和测量工具，拆卸配合时要分别采用拍打、压出等不同方法对待不同配合关系的零件。注意保护模具，使其受力平衡，切不可盲目用力敲打，严禁用铁榔头直接敲打模具零件。不可拆卸的零件和不宜拆卸的零件不要拆卸。拆卸过程中特别要注意操作安全，避免损坏模具各器械。拆卸遇到困难时应分析原因，并请教指导教师。遵守课堂纪律，服从教师的安排。

(6) 模具装配复原的过程一般与模具拆卸的顺序相反，装配后，模具所有的活动部分，应保证位置准确，动作协调可靠，定位和导向正确，固定的零件连接牢固，锁紧零件达到可靠锁紧的作用。

［项目实施］

(1) 在台虎钳上用拆卸工具将上模和下模分开，并放到工作位置上，把打料杆拆下，如图 11-9 所示。

图 11-9　上、下模分开

(2) 拆上模。

① 用内六角扳手拆开卸料螺钉,将卸料板、卸料橡皮从上模中拆出,如图 11-10 所示。

② 用内六角扳手拆开连接上模座和凸凹模固定板的固定螺钉,敲出定位销钉,把上模垫板、凸凹模固定板、推杆从上模拆开,如图 11-11 所示。

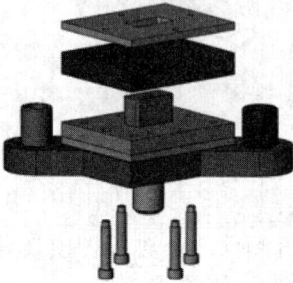

图 11-10　拆卸料板、卸料橡皮

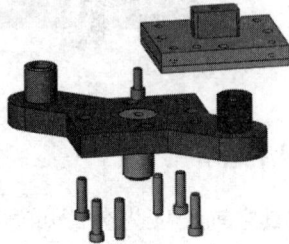

图 11-11　拆上模垫板、凸凹模固定板、推杆

③ 将垫板与固定在凸凹模固定板上的凸凹模拆开。此凸凹模与凸凹模固定板为台阶式固定,如图 11-12 所示。

④ 用铜棒将压入式模柄从上模座中轻轻敲出,拆下防转销钉,如图 11-13 所示。

图 11-12　拆开垫板、凸凹模固定板、凸凹模

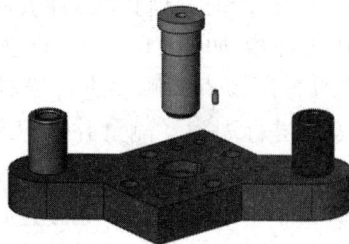

图 11-13　拆模柄

(3) 拆下模。

① 用内六角扳手将拉杆螺钉拆开,将橡胶、夹板、顶杆等顶件装置从下模上拆下,如图 11-14 所示。

② 用内六角扳手将固定螺钉拆出,将定位销轻轻敲出,把下模垫板、凸模固定板、凹模从下模拆下,如图 11-15 所示。

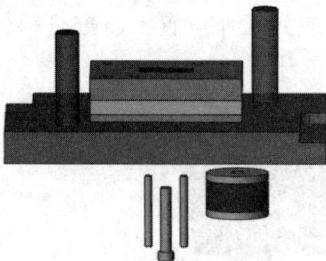

图 11-14　拆顶件装置

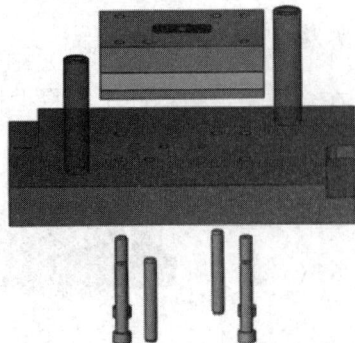

图 11-15　拆下模垫板、凸模固定板、凹模

③ 由于销钉和螺钉已拆开，将凹模、推件块、凸模、凸模固定板、下模垫板与下模座分离，如图 11-16 所示。

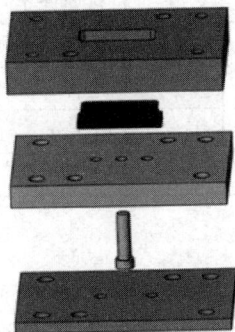

图 11-16　拆凹模、推件块、凸模、凸模固定板、下模垫板

(4) 装配：根据该模具上下模装配分解图确定装配顺序，如图 11-6 和图 11-7 所示。清洗已拆卸的模具零件，以先拆的零件后装、后拆的零件先装为一般原则来制订装配顺序。

上模安装的步骤如下：

① 安装模柄，打入销钉。

② 用铜棒把凸凹模打入凸凹模固定板相应的孔中，保证凸凹模底部与固定板底面相平。

③ 把推杆、凸凹模固定板、垫板、上模座按拆卸时所做的标记合拢，对正销钉孔，打入销钉，用内六角螺钉紧固。

④ 安装卸料橡皮、卸料板，紧固卸料螺钉，保证卸料板工作面高出凸模工作面 1~1.2 mm。

下模安装的步骤如下：

① 将凹模、推件块、凸模、凸模固定板、下模垫板按照工作位置放在下模座上，对正销钉孔，打入销钉，装入螺钉，拧紧。

② 将橡胶、夹板、顶杆等顶件装置装入，拧紧拉杆螺钉。

上下合模。合模前，导柱、导套加机油润滑，合模时上模在上，下模在下，中间加等高垫铁或方木，防止合模到位后引起冲击。上下模一定要平行，用铜棒轻击至合拢。

[项目评价]

垫片冲孔落料复合冲裁模拆装实习记录及成绩评定表，见表 11-2。

表 11-2　垫片复合模拆装实习记录及成绩评定表

班级：		姓名：		学号：		成绩：	
序号	技术要求	配分	评分标准		实测记录		得分
1	准备工作充分	10	每缺一项扣 2 分				
2	上、下模的正确拆卸	10	测试				
3	零件正确、规范安放	20	总体评定				
4	拆卸过程安排合理	10	总体评定				
5	装配过程安排合理	10	总体评定				
6	上、下模的正确安装	20	测试				

序号	技术要求	配分	评分标准	实测记录	得分
7	工具的合理及准确使用	5	总体评定		
8	绘制模具总装草图	10	每错一处扣 1 分		
9	安全文明生产	5	违者每次扣 2 分		
10	工时定额 2 h		每超 1 h 扣 5 分		
11	现场记录				

[知识拓展]

注塑模具拆装

一、塑料模具的分类

将塑料压制成一定形状的制件的模具称为塑料模。按塑料成形工艺特点，塑料模又可分为注塑模、压缩模、挤出成形模、中空吹塑模等。

(1) 注塑模。注塑模是将塑料放入注塑机的专用加料腔内加热，在螺杆的推动下加压，使软化的塑料经过浇注系统挤入模具的型腔内，从而制成塑料制件。它由动模和定模两部分组成。图 11-17 所示为注塑模结构形式简图。

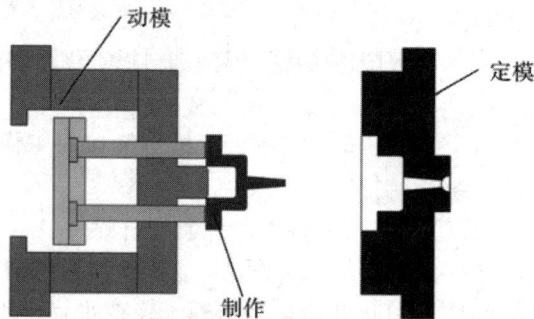

图 11-17　注塑模结构形式简图

(2) 压缩模。压缩模是将塑料放入模具的型腔内中，在液压机上加热、加压，使软化的塑料充满型腔，并保持一定温度、压力和时间，冷却后塑料即硬化成制件。图 11-18 所示为压缩模结构形式简图。

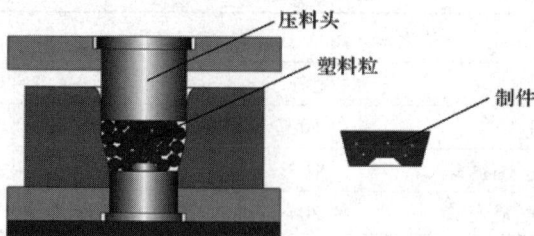

图 11-18　压缩模结构形式简图

(3) 挤出成形模。挤出成形模是将塑料放入挤出机的加料筒中，通过加热螺杆使塑料软化，在一定压力下挤出成形，然后在较低的温度下冷却定型。图 11-19 所示为管材挤出成形机头结构形式简图。

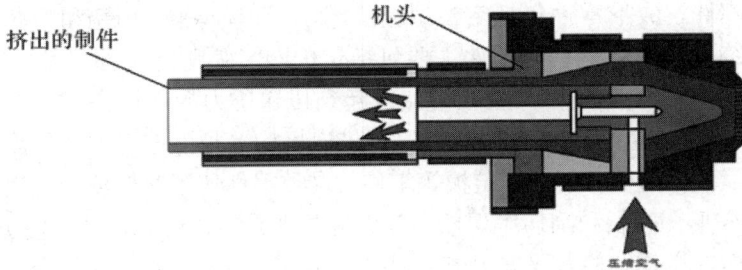

图 11-19　管材挤出成形机头结构形式简图

（4）中空吹塑模。中空吹塑模是将管状坯料加热后置于模具型腔内，向管状坯料中注入压缩空气，使坯料膨胀紧贴型腔，然后冷却定型得到中空塑件。图 11-20 所示为中空吹塑模结构形式简图。

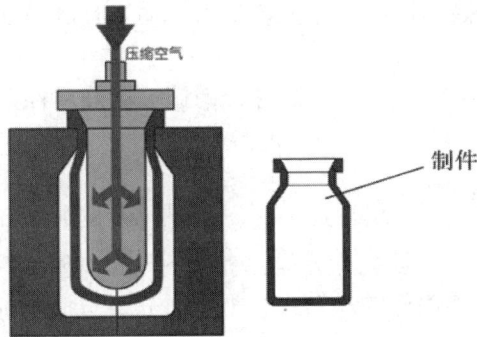

图 11-20　中空吹塑模结构形式简图

二、注塑模具的工作原理与结构组成

1. 注塑模的工作原理

注塑模具由动模和定模两部分组成，动模安装在注射机的移动工作台面上，定模安装在注射机的固定工作台面上。注射时动模与定模闭合后，已经塑化的塑料熔体通过浇注系统注入模具型腔中冷却、固化与定型，如图 11-21 所示。开模时，动模与定模分开，塑件滞留在动模一侧，利用设置在动模内的推出机构将塑料制件从模内推出，如图 11-22 所示。

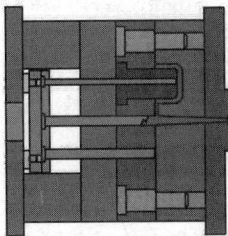

图 11-21　注射闭合　　　　　　　　　　图 11-22　开模取件

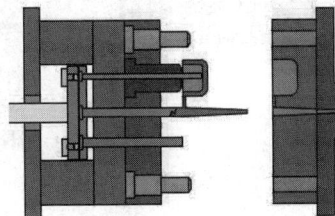

2. 注塑模的结构组成

根据模具中各个零件的不同功能，注塑模可由以下八个系统或机构组成。

(1) 成形零部件。成形零件包括定模型腔(凹模)、动模型腔(凸模)和型芯等零件。

(2) 浇注系统零件。浇注系统零件主要包括定位圈、喷嘴等零件。其主要作用是将注射机料筒内的熔融塑料填充到模具型腔内，并起到传递压力的作用。

(3) 脱模系统零件。注塑机的脱模机构又称推出机构，是由推出塑件所需的全部结构零件组成。如顶杆、顶杆垫板、顶杆固定板等零件。这类零件使用时应便于脱出塑件，且不允许有任何使塑件变形、破裂和刮伤等现象。其机构要求灵活、可靠，并方便更换、维修。

(4) 冷却及加热机构。冷却及加热机构主要包括冷却水嘴、水管通道、加热板等。主要是为了调节模具的温度，以保证塑件的质量。

(5) 结构零件。模具的结构零件主要是固定成形零件，使其组成一体的零件。主要包括定模座板、动模座板、垫板、定模框和动模框等。

(6) 导向零件。导向零件主要包括导柱、导套，主要是对定模和动模起导向作用。

(7) 抽芯机构零件。抽芯机构零件主要是为了加工有侧向凹、凸及侧孔的零件，主要包括滑块型芯、斜导柱等零件。

(8) 紧固零件。紧固零件主要包括螺钉、销钉等标准零件，其作用是连接、紧固各零件，使其成为模具整体。

三、注塑模具的典型结构

按注塑模具的总体结构特征进行分类，有以下几种典型结构：单分型面注塑模、双分型面注塑模、带活动成型零部件的注塑模、带侧向分型与抽芯机构的注塑模、自动卸螺纹注塑模等。

1) 单分型面注塑模

单分型面注塑模又叫两板式注塑模，整个模具中只在动模与定模之间有一个分型面，这类模具结构简单，对塑件成型模脚的实用性强，适用于对制品表面要求不高的模具。单分型面注塑模结构如图 11-23 所示。

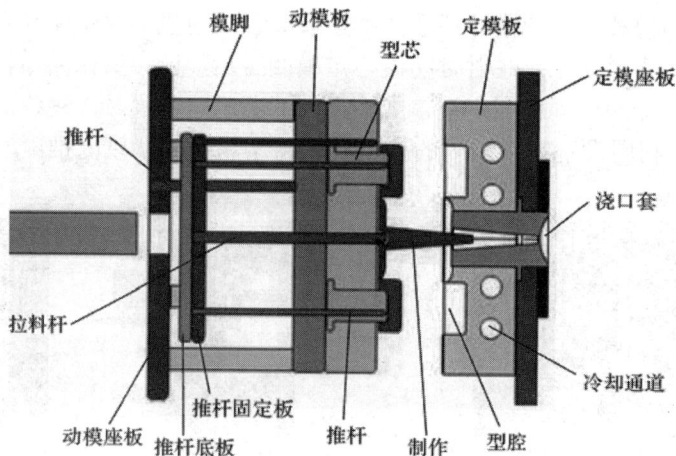

图 11-23　单分型面注塑模结构

2) 双分型面注塑模

双分型面注塑模又叫三板式注塑模，整个模具中除了动、定模板间有一个分型面外，还有一个具有其他功能的辅助分型面，如图所示，A-A 为第一分型面，分型后浇注系统凝料由此脱出；B-B 为第二分型面，分型后制品由此次脱出。由于这种模具常用于点浇口进胶的产品，因此，亦称点浇口模具，如图 11-24 所示。双分型面注塑模具应用极广，主要用于设点浇口的单型腔或多型腔模具，侧向分型机构设在定模一侧的模具以及塑件结构特殊需要按顺序分型的模具。

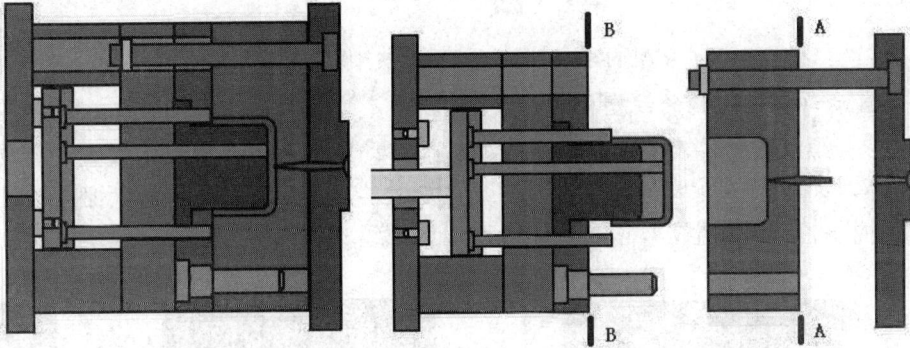

图 11-24　双分型面注塑模

3) 带侧向分型抽芯的注塑模

带侧向分型抽芯的注塑模是指当塑件上有侧凹或侧孔时，在模具内设置由斜导柱或斜滑块等组成的侧向分型抽芯机构，使侧型芯作横向运动，如图 11-25 所示。开模时，斜导柱先带动滑块往外移，当侧型芯完全脱出产品时，顶出机构才开始动作，顶出制品。

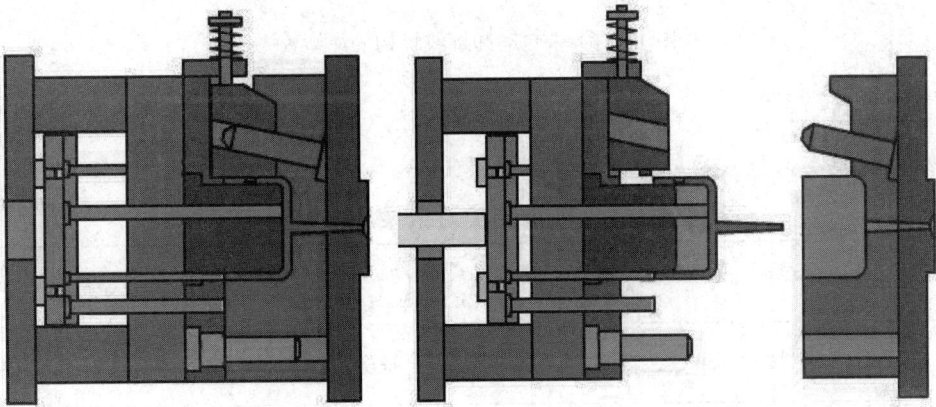

图 11-25　带侧向分型抽芯的注塑模

4) 带活动成型零部件的注塑模

这类模具在模具中可以设置能够活动的成型零件，如活动凸模、活动凹模、活动成型杆、活动成型镶块等，开模时，斜导柱先带动滑块往外移，当侧型芯完全脱出产品时，顶出机构才开始动作，顶出制品，如图 11-26 所示。

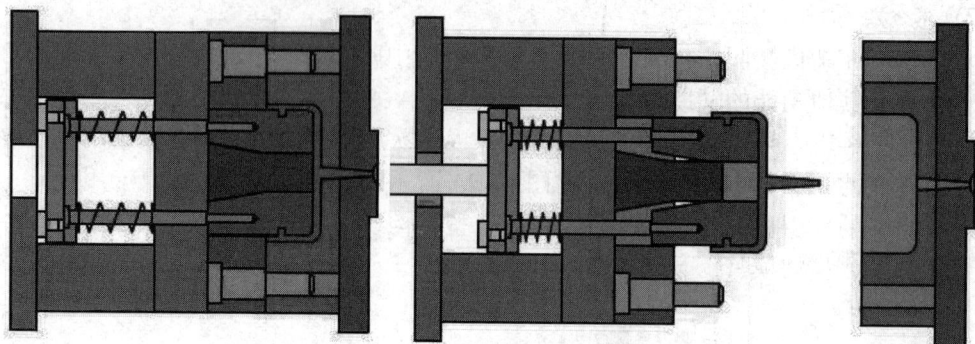

图 11-26　带活动成型零部件的注塑模

5) 带自动卸螺纹机构的注塑模

对于带有螺纹的塑件，要求在注塑成型后能自动脱模，可在模具中设置能转动的螺纹型芯或型环，利用注塑机本身的旋转运动或往复运动，将螺纹塑件脱出，必要时还可设置专门的原动机件，带动螺纹型芯或型环转动，将螺纹塑件退出，如图 11-27 所示。

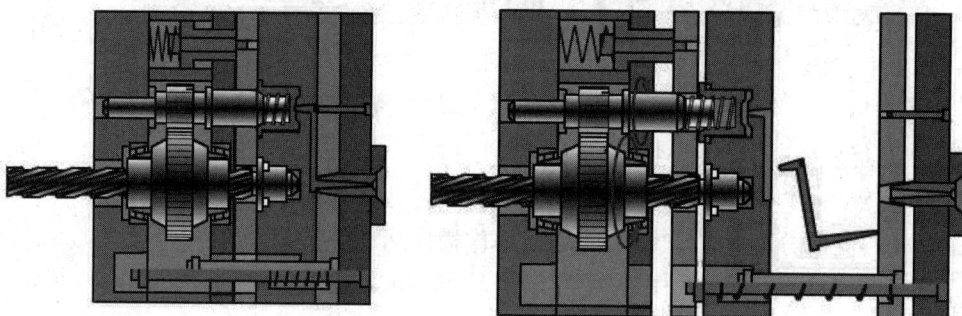

图 11-27　带自动卸螺纹机构的注塑模

[项目评价]

注塑模拆装实习记录及成绩评定表，见表 11-3。

表 11-3　注塑模拆装实习记录及成绩评定表

班级：		姓名：		学号：		成绩：
序号	技术要求	配分	评分标准	实测记录	得分	
1	准备工作充分	10	每缺一项扣 2 分			
2	动模、定模的正确拆卸	10	测试			
3	零件正确、规范的安放	20	总体评定			
4	拆卸过程安排合理	10	总体评定			

序号	技术要求	配分	评分标准	实测记录	得分
5	装配过程安排合理	10	总体评定		
6	上、下模的正确安装	20	测试		
7	工具的合理及准确使用	5	总体评定		
8	绘制模具总装草图	10	每错一处扣 1 分		
9	安全文明生产	5	违者每次扣 2 分		
10	工时定额 2h	每超 1h 扣 5 分			
11	现场记录				

项目十二　初、中、高级技能考核训练

试题一　梯形样板副

考核试题图纸如图 12-1 所示。

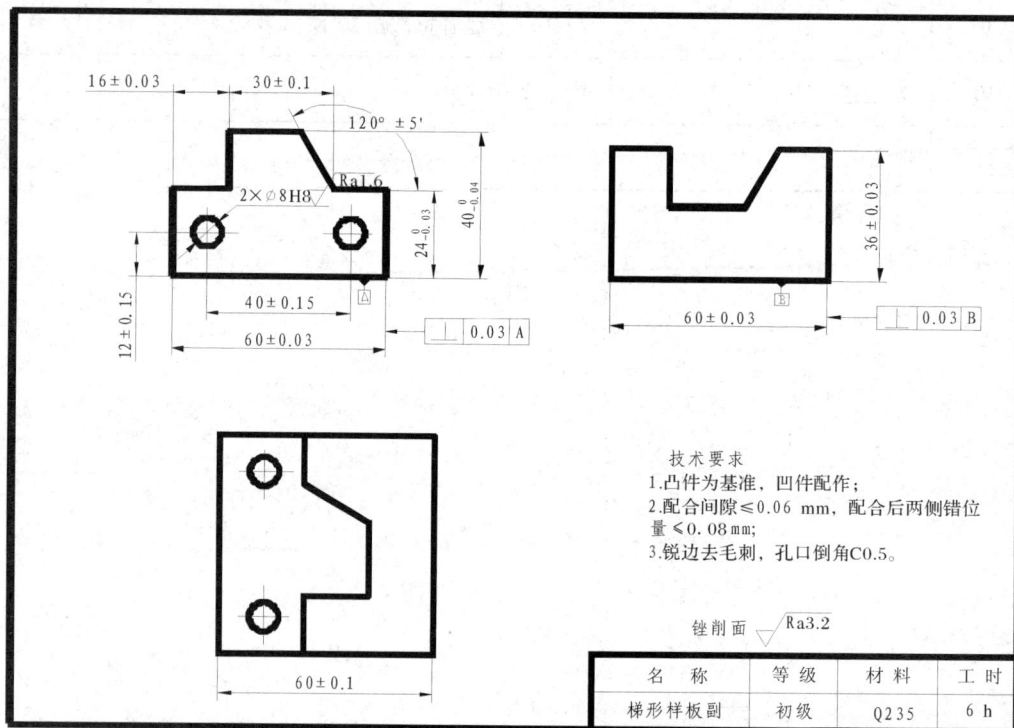

图 12-1　梯形样板副

考试准备：请按图 12-2 备料，按表 12-1 准备工、量、刃具。

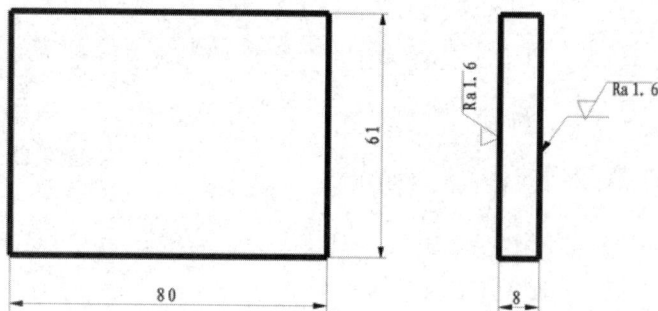

图 12-2　备料图

表12-1　工、量、刃具准备

名　称	规　格	精　度 (读数值)	数量	名　称	规　格	精　度 (读数值)	数量
高度划线尺	0～300 mm	0.02mm	1	锉刀	250 mm	1号纹	1
游标卡尺	0～150 mm	0.02mm	1		200 mm	2、3号纹	各1
千分尺	0～25 mm	0.01mm	1		150 mm	3号纹	1
	25～50 mm	0.01mm	1	三角锉	150 mm	2号纹	1
	50～75 mm	0.01mm	1	整形锉	ϕ5 mm		1套
万能角度尺	0～320°	2′	1	划线靠铁			1
刀口角尺	100×63 mm	0级	1	测量圆柱	ϕ10×15 mm	h6	1
塞　尺	0.02～0.5 mm		1	锯弓			1
钻头	ϕ6 mm		1	锯条			1
	ϕ7.8 mm		1	手锤			1
	ϕ12 mm		1	划线工具			1套
手用铰刀	ϕ8 mm	H8	1	软钳口			1付
塞规	ϕ8 mm	H8	1	铜丝刷			1
铰杠			1				

评分标准见表12-2。

表12-2　梯形样板副评分标准

准考证号码：＿＿＿＿＿　　试件编号：＿＿＿＿＿　　成绩：＿＿＿

序　号		技术要求	配　分	评分标准	实测记录	得分
凸	1	60±0.03	5	超差全扣		
	2	$40_{-0.04}^{0}$	5	超差全扣		
	3	$24_{-0.03}^{0}$　(2)	8	每超一处扣4分		
	4	16±0.03	6	超差全扣		
	5	30±0.1	4	超差全扣		
	6	120°±5′	5	超差全扣		
件	7	⊥ 0.03 A	3	超差全扣		
	8	12±0.15　(2)	4	每超一处扣2分		
	9	40±0.15	4	超差全扣		

续表

序 号		技 术 要 求	配分	评 分 标 准	实 测 记 录	得分
凹 件	10	孔φ8H8、Ra1.6(2)	4/2	每超一处扣1分		
	11	锉面 Ra3.2　(8)	8	每超一处扣1分		
	12	60±0.03	5	超差全扣		
	13	36±0.03	5	超差全扣		
	14	⊥ 0.03 B	3	超差全扣		
	15	锉面 Ra3.2　(8)	8	每超一处扣1分		
配 合	16	间隙≤0.06 (5)	15	每超一处扣3分		
	17	错位量≤0.08	6	超差全扣		
	18	60±0.1	2	超差全扣		
19		安全文明生产	扣分	违者每次扣2分，严重者扣5～10分		

试题二　凸台角度锉配

考核试题图纸如图 12-3 所示。

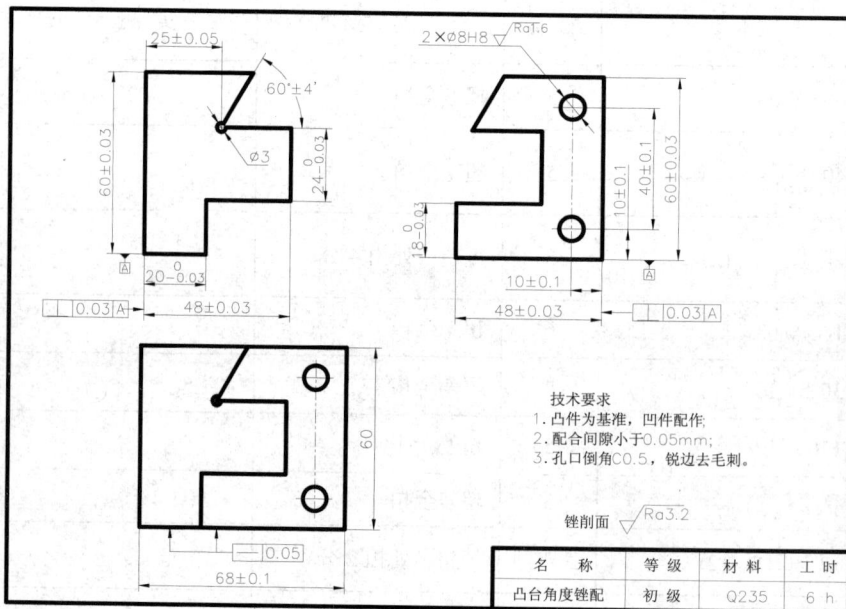

技术要求
1. 凸件为基准，凹件配作；
2. 配合间隙小于0.05mm；
3. 孔口倒角C0.5，锐边去毛刺。

锉削面 ▽Ra3.2

名　称	等级	材料	工时
凸台角度锉配	初级	Q235	6 h

图 12-3　凸台角度锉配

考试准备：请按图 12-4 所示备料，按表 12-3 准备工、量、刃具。

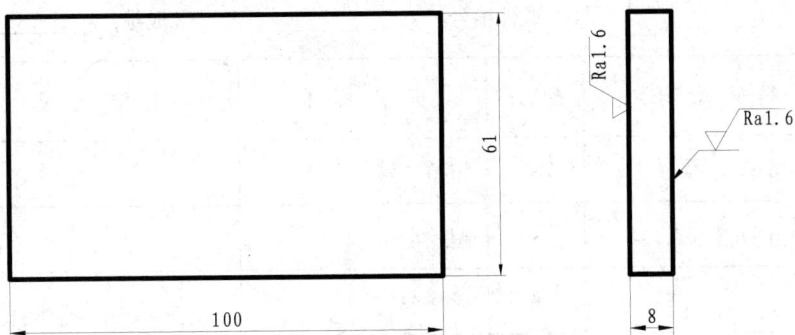

图 12-4 备料图

表 12-3 工、量、刃具准备

名　称	规　格	精　度 (读数值)	数量	名　称	规　格	精　度 (读数值)	数量
高度划线尺	0~300 mm	0.02 mm	1		250 mm	1 号纹	1
游标卡尺	0~150 mm	0.02 mm	1	锉刀	200 mm	2、3 号纹	各 1
千分尺	0~25 mm	0.01 mm	1		150 mm	3 号纹	1
	25~50 mm	0.01 mm	1	三角锉	150 mm	2 号纹	1
	50~75mm	0.01 mm	1	整形锉	ϕ5 mm		1 套
万能角度尺	0~320°	2′	1	划线靠铁			1
刀口角尺	100×63 mm	0 级	1	测量圆柱	ϕ10×15 mm	h6	1
塞　尺	0.02~0.5 mm		1	锯弓			1
钻头	ϕ6 mm		1	锯条			1
	ϕ7.8 mm		1	手锤			1
	ϕ12 mm		1	划线工具			1 套
手用铰刀	ϕ8 mm	H8	1	软钳口			1 付
塞规	ϕ8 mm	H8	1	铜丝刷			1
铰杠			1				

评分标准见表 12-4。

表 12-4　凸台角度锉配评分标准

准考证号码：＿＿＿＿＿＿＿　　　　试件编号：＿＿＿＿＿＿　　　　成绩：＿＿＿＿＿＿

序	号	技 术 要 求	配 分	评 分 标 准	实 测 记 录	得分
凸	1	60 ± 0.03	5	超差全扣		
	2	48 ± 0.03	5	超差全扣		
	3	$24_{-0.03}^{0}$	5	超差全扣		
	4	$20_{-0.03}^{0}$	5	超差全扣		
	5	25 ± 0.05	5	超差全扣		
	6	$60°\pm4'$	4	超差全扣		
件	7	⊥ 0.03 A	2	超差全扣		
	8	锉面 Ra3.2　　(8)	8	每超一处扣 1 分		
凹	9	60 ± 0.03	5	超差全扣		
	10	48 ± 0.03	5	超差全扣		
	11	$18_{-0.03}^{0}$	5	超差全扣		
	12	10 ± 0.1　　(3)	6	每超一处扣 1 分		
	13	40 ± 0.1	4	超差全扣		
件	14	孔ϕ8H8、Ra1.6 (2)	2/2	每超一处扣 1 分		
	15	⊥ 0.03 A	2	超差全扣		
	16	锉面 Ra3.2　　(8)	8	每超一处扣 1 分		
配	17	间隙≤0.05　　(5)	15	每超一处扣 3 分		
合	18	═ 0.06	5	超差全扣		
	19	68 ± 0.10	2	超差全扣		
	20	安全文明生产	扣分	违者每次扣 2 分，严重者扣 5～10 分		

试题三 圆弧样板锉配

考核试题图纸如图 12-5 所示。

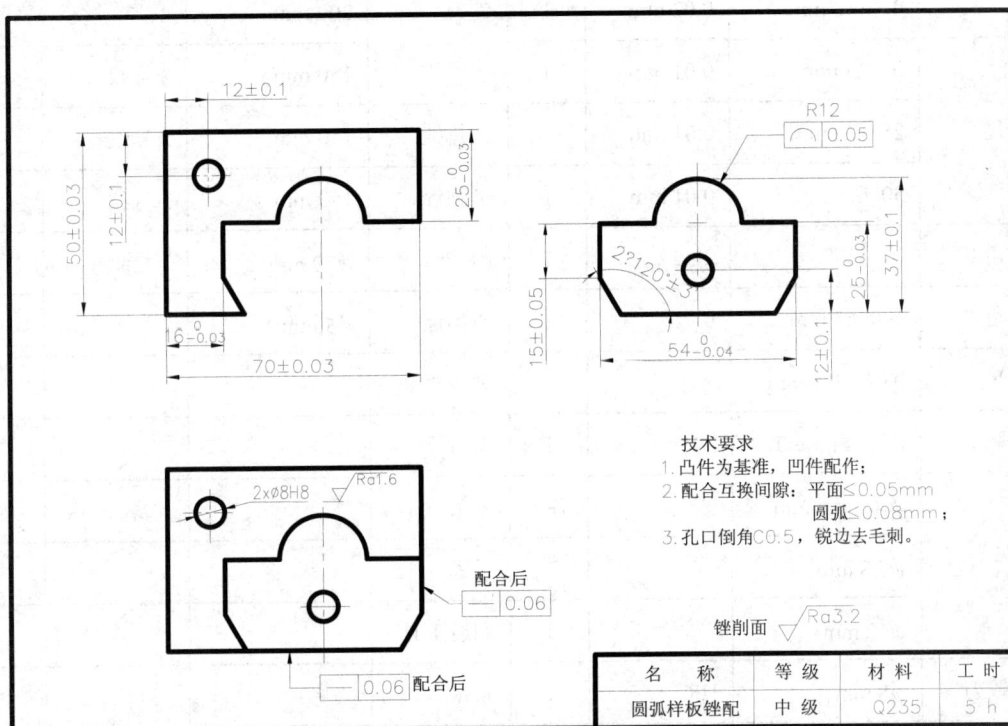

图 12-5 圆弧样板锉配

考试准备：请按图 12-6 所示备料，按表 12-5 准备工、量、刃具。

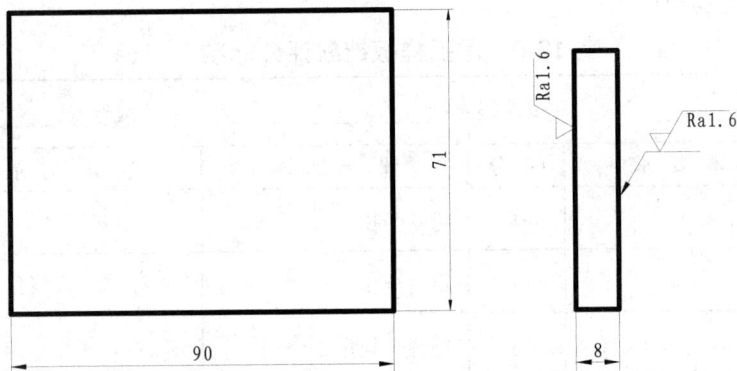

图 12-6 备料图

表 12-5　工、量、刃具准备

名　称	规　格	精　度 (读数值)	数量	名　称	规　格	精　度 (读数值)	数量
高度划线尺	0～300 mm	0.02 mm	1	锉刀	250 mm	1 号纹	1
游标卡尺	0～150 mm	0.02 mm	1		200 mm	2、3 号纹	各 1
千分尺	0～25 mm	0.01 mm	1		150 mm	3 号纹	1
	25～50 mm	0.01 mm	1	三角锉	150 mm	2 号纹	1
	50～75 mm	0.01 mm	1	半圆锉	150 mm	2 号纹	1
万能角度尺	0～320°	2′	1	圆锉	$\phi 10$ mm	2 号纹	1
刀口角尺	100×63 mm	0 级	1	整形锉	$\phi 5$ mm		1 套
塞尺	0.02～0.5 mm		1	划线靠铁			1
R 规	R7～14.5 mm		1	锯弓			1
钻头	$\phi 4$、$\phi 6$ mm		各 1	锯条			1
	$\phi 7.8$ mm		1	手锤			1
	$\phi 12$ mm		1	划线工具			1 套
手用铰刀	$\phi 8$ mm	H8	1	软钳口			1 付
塞规	$\phi 8$ mm	H8	1	铜丝刷			1
铰杠			1				

评分标准见表 12-6。

表 12-6　圆弧样板锉配评分标准

准考证号码：_____　　试件编号：_____　　成绩：_____

序　号		技　术　要　求	配分	评 分 标 准	实 测 记 录	得分
凸	1	$54^{0}_{-0.04}$	4	超差全扣		
	2	37 ± 0.1	3	超差全扣		
	3	$25^{0}_{-0.03}$　　(2)	6	每超一处扣 3 分		
	4	15 ± 0.05	2	每超一处扣 1 分		
件	5	⌒ 0.05	5	超差全扣		

续表

序 号		技 术 要 求	配分	评 分 标 准	实 测 记 录	得分
凸 件	6	120°±3′　　　　(2)	6	每超一处扣 3 分		
	7	12±0.1	3	超差全扣		
	8	孔ϕ8H8、Ra1.6	2/2	每超一处扣 2 分		
	9	锉面 Ra3.2　　　　(6)	3	每超一处扣 0.5 分		
凹 件	10	70±0.03	4	超差全扣		
	11	50±0.03	4	超差全扣		
	12	$25_{-0.03}^{0}$	5	超差全扣		
	13	$16_{-0.03}^{0}$	5	超差全扣		
	14	12±0.1　　　　(2)	6	每超一处扣 3 分		
	15	孔ϕ8H8、Ra1.6	2/2	每超一处扣 2 分		
	16	锉面 Ra3.2　　　　(8)	4	每超一处扣 0.5 分		
配 合	17	平面间隙≤0.05　　(4)	8	每超一处扣 2 分		
	18	曲面间隙≤0.08	4	超差全扣		
	19	错位量≤0.06　　(2)	4	每超一处扣 2 分		
	20	互换:				
	21	平面间隙≤0.05　　(4)	8	每超一处扣 2 分		
	22	曲面间隙≤0.08	4	超差全扣		
	23	错位量≤0.06　　(2)	4	每超一处扣 2 分		
	24	安全文明生产	扣分	违者每次扣 2 分,严重者扣 5~10 分		

试题四 双凸形镶配

考核试题图纸如图 12-7 所示。

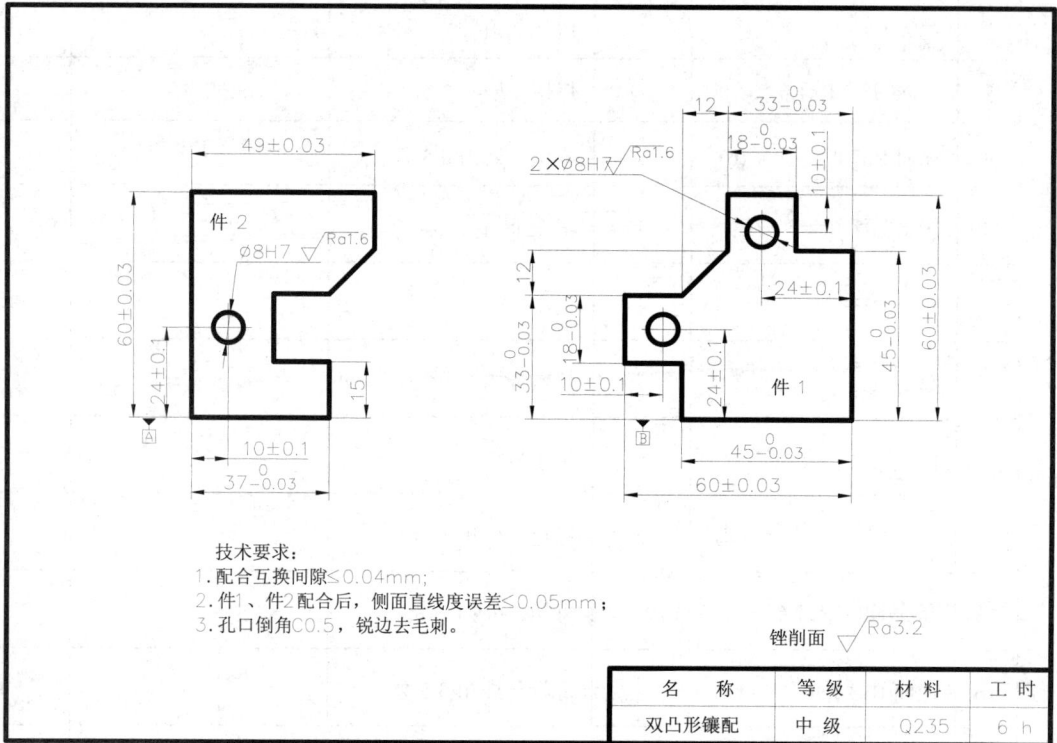

技术要求：
1. 配合互换间隙≤0.04mm；
2. 件1、件2配合后，侧面直线度误差≤0.05mm；
3. 孔口倒角C0.5，锐边去毛刺。

锉削面 ▽Ra3.2

名　称	等　级	材　料	工　时
双凸形镶配	中级	Q235	6 h

图 12-7　双凸形镶配

考试准备：请按图 12-8 所示备料，按表 12-7 准备工、量、刃具。

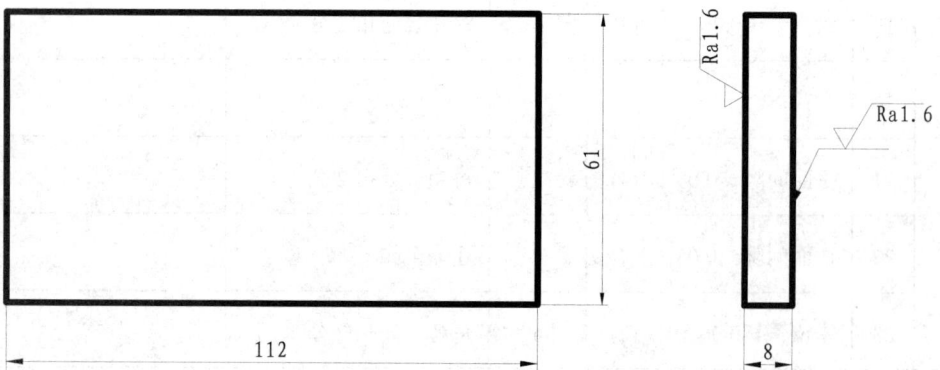

图 12-8　备料图

表 12-7 工、量、刃具准备

名 称	规 格	精度(读数值)	数量	名 称	规 格	精度(读数值)	数量
高度划线尺	0～300 mm	0.02 mm	1	锉刀	250 mm	1 号纹	1
游标卡尺	0～150 mm	0.02 mm	1		200 mm	2、3 号纹	各 1
千分尺	0～25 mm	0.01 mm	1		150 mm	3 号纹	1
	25～50 mm	0.01 mm	1	三角锉	150 mm	2 号纹	1
	50～75 mm	0.01 mm	1	整形锉	$\phi 5$ mm		1 套
万能角度尺	0～320°	2′	1	V 形铁	中 号	1 级	1
刀口角尺	100×63 mm	0 级	1	锯弓			1
塞 尺	0.02～0.5 mm		1	锯条			1
钻头	$\phi 6$ mm		1	手锤			1
	$\phi 7.8$ mm		1	划线工具			1 套
	$\phi 12$ mm		1	软钳口			1 付
手用铰刀	$\phi 8$ mm	H7	1	铜丝刷			1
塞规	$\phi 8$ mm	H7	1	铰杠			1

评分标准见表 12-8。

表 12-8 双凸形镶配评分标准

准考证号码：_____ 　　　试件编号：_____ 　　　成绩：_____

	序 号	技 术 要 求		配 分	评 分 标 准	实 测 记 录	得分
凸件	1	60 ± 0.03	(2)	8	每超一处扣 4 分		
	2	$45 \, {}^{0}_{-0.03}$	(2)	8	每超一处扣 4 分		
	3	$33 \, {}^{0}_{-0.03}$	(2)	8	每超一处扣 4 分		
	4	$18 \, {}^{0}_{-0.03}$	(2)	8	每超一处扣 4 分		
	5	10 ± 0.1	(2)	4	每超一处扣 2 分		
	6	24 ± 0.1	(2)	4	每超一处扣 2 分		
	7	孔$\phi 8$H7、Ra1.6	(2)	2/2	每超一处扣 1 分		
	8	锉面 Ra3.2	(11)	5.5	每超一处扣 0.5 分		
凹件	9	60 ± 0.03		4	超差全扣		
	10	49 ± 0.03		4	超差全扣		
	11	$37 \, {}^{0}_{-0.03}$		4	超差全扣		

序	号	技 术 要 求		配分	评 分 标 准	实 测 记 录	得分
	12	10±0.1		2	超差全扣		
	13	24±0.1		2	超差全扣		
	14	孔 ϕ8H7、Ra1.6		1/1	每超一处扣 1 分		
	15	锉面 Ra3.2	(9)	4.5	每超一处扣 0.5 分		
配	16	间隙≤0.05	(6)	12	每超一处扣 2 分		
	17	直线度误差≤0.05		2	超差全扣		
	18	互换:					
合	19	间隙≤0.04	(6)	12	每超一处扣 2 分		
	20	直线度误差≤0.06		2	超差全扣		
21		安全文明生产		扣分	违者每次扣 2 分，严重者扣 5～10 分		

试题五　燕尾圆弧镶配

考核试题图纸如图 12-9 所示。

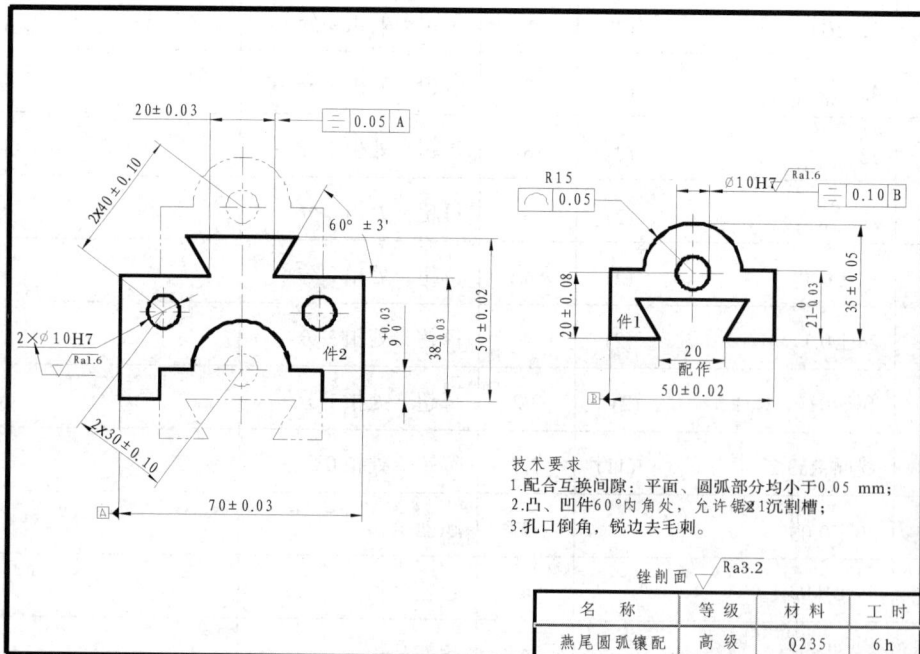

图 12-9　燕尾圆弧镶配

考试准备：请按图 12-10 所示备料，按表 12-9 准备工、量、刃具。

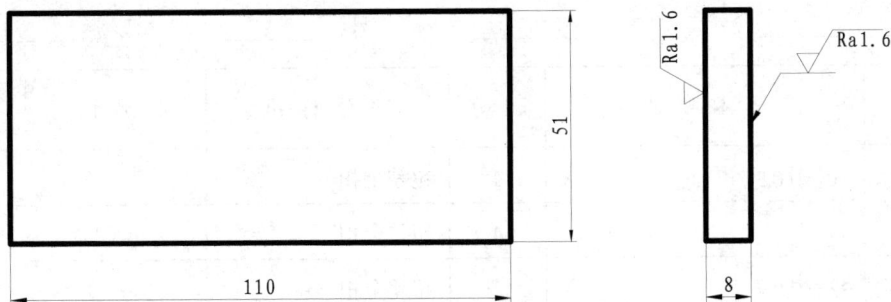

图 12-10　备料图

表 12-9　工、量、刃具准备

名　　称	规　　格	精　度 (读数值)	数量	名　　称	规　　格	精　度 (读数值)	数量
高度划线尺	0～300 mm	0.02 mm	1		250 mm	1 号纹	1
游标卡尺	0～150 mm	0.02 mm	1	锉刀	200 mm	2、3 号纹	各 1
千分尺	0～25 mm	0.01 mm	1		150 mm	3 号纹	1
	25～50 mm	0.01 mm	1	三角锉	150 mm	2 号纹	1
	50～75 mm	0.01 mm	1	半圆锉	150 mm	2、3 号纹	各 1
万能角度尺	0～320°	2′	1	测量圆柱	$\phi10\times15$	h6	2
刀口角尺	100×63 mm	0 级	1	整形锉	$\phi5$ mm		1 套
塞　尺	0.02～0.5 mm		1	划线靠铁			1
R　规	R15～25 mm		1	锯弓			1
钻头	$\phi3$、$\phi4$、$\phi6$ mm		各 1	锯条			1
	$\phi9.8$ mm		1	手锤			1
	$\phi12$ mm		1	划线工具			1 套
手用铰刀	$\phi10$ mm	H7	1	软钳口			1 付
塞规	$\phi10$ mm	H7	1	铜丝刷			1
铰杠			1				

评分标准见表 12-10。

表 12-10 燕尾圆弧镶配评分标准

班级：_____ 姓名：_____ 学号：_____ 成绩：_____

序 号		技 术 要 求	配 分	评 分 标 准	实 测 记 录	得 分
件1	1	50 ± 0.02	4	超差全扣		
	2	$21_{-0.03}^{0}$	4	超差全扣		
	3	35 ± 0.05	2	超差全扣		
	4	⌒ 0.05	4	超差全扣		
	5	= 0.10 B	2	超差全扣		
	6	20 ± 0.08	2	超差全扣		
	7	孔ϕ10H7、Ra1.6	1/1	每超一处扣 1 分		
	8	锉面 Ra3.2　　(10)	4	每超一处扣 0.5 分		
件2	9	70 ± 0.03	4	超差全扣		
	10	50 ± 0.02	4	超差全扣		
	11	$38_{-0.03}^{0}$　　(2)	8	每超一处扣 4 分		
	12	$9_{0}^{+0.03}$	4	超差全扣		
	13	20 ± 0.03	4	超差全扣		
	14	$60°\pm3'$　　(2)	6	每超一处扣 3 分		
	15	= 0.05 A	4	每超一处扣 1 分		
	16	孔ϕ10H7、Ra1.6　(2)	2/2	每超一处扣 1 分		
	17	锉面 Ra3.2　　(12)	6	每超一处扣 0.5 分		
配合	18	燕尾互换配合：				
	19	间隙≤0.05　　(10)	10	每超一处扣 2 分		
	20	40 ± 0.10　　(4)	6	每超一处扣 3 分		
	21	圆弧互换配合：				
	22	间隙≤0.05　　(10)	10	每超一处扣 2 分		
	23	30 ± 0.10　　(4)	6	每超一处扣 3 分		
	24	安全文明生产	扣分	违者每次扣 2 分，严重者扣 5～10 分		

试题六　燕尾变位配

考核试题图纸如图 12-11 所示。

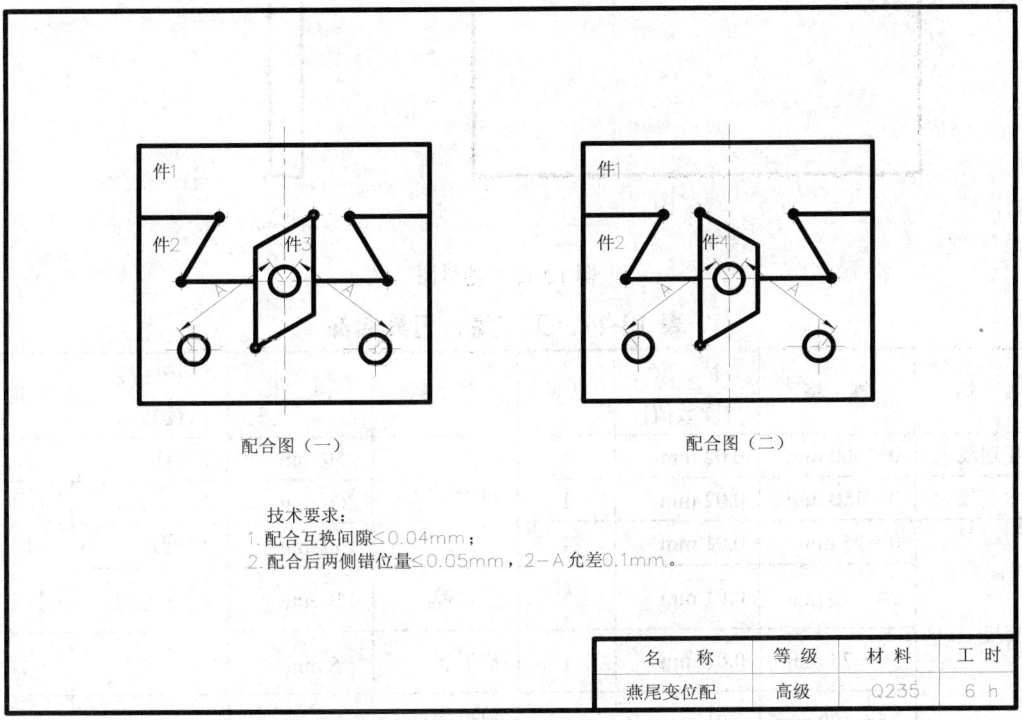
件1
件2
件3
件4
配合图（一）
配合图（二）
技术要求：
1.配合互换间隙≤0.04mm；
2.配合后两侧错位量≤0.05mm，2－A允差0.1mm。
名　称
等 级
材 料
工 时
燕尾变位配
高级
Q235
6 h

(a)

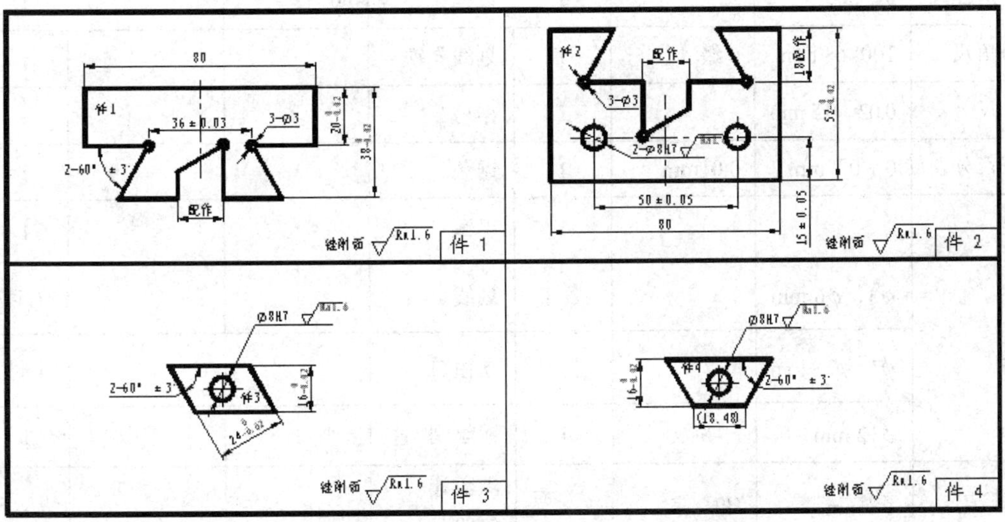
件 1
件 2
件 3
件 4
配作
80
36 ± 0.03
3-φ3
2-60° ± 3′
50 ± 0.05
15 ± 0.05
2-φ8H7
φ8H7
(18.48)
Ra1.6

(b)

图 12-11　燕尾变位配

考试准备：请按图 12-12 所示备料，按表 12-11 准备工、量、刃具。

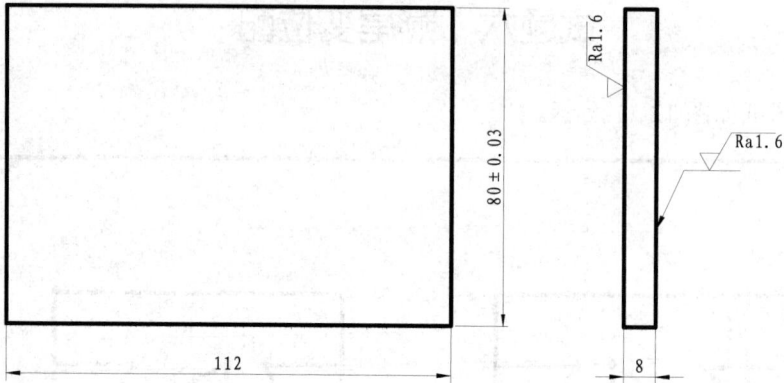

图 12-12　备料图

表 12-11　工、量、刃具准备

名　称	规　格	精　度 (读数值)	数量	名　称	规　格	精　度 (读数值)	数量
高度划线尺	0～300 mm	0.02 mm	1	锉刀	250 mm	1 号纹	1
游标卡尺	0～150 mm	0.02 mm	1		200 mm	2、3 号纹	各 1
千分尺	0～25 mm	0.01 mm	1		150 mm	3 号纹	1
	25～50 mm	0.01 mm	1	三角锉	150 mm	2、3 号纹	各 1
	50～75 mm	0.01 mm	1	整形锉	ϕ5 mm		1 套
	75～100 mm	0.01 mm	1	测量圆柱	ϕ10×15		2
万能角度尺	0～320°	2′	1	铰杠	h6		1
刀口角尺	100×63 mm	0 级	1	划线靠铁			1
塞　尺	0.02～0.5 mm		1	锯弓			1
杠杆百分表	0～0.8 mm	0.01mm	1	锯条			1
表架			1	手锤			1
钻头	ϕ3、ϕ6 mm		各 1	划线工具			1 套
	ϕ7、ϕ7.8 mm		各 1	软钳口			1 付
	ϕ12 mm		1	铜丝刷			1
手用铰刀	ϕ8 mm	H7	1	函数计算器			1
塞规	ϕ8 mm	H7	1				

评分标准见表 12-12。

表 12-12　燕尾变位配评分标准

班级：_____　　　姓名：_____　　　学号：_____　　　成绩：_____

序 号		技 术 要 求	配 分	评 分 标 准	实测记录	得分
件 1	1	$20^{\ 0}_{-0.02}$　　　　　(2)	3×2	每超一处扣 3 分		
	2	$38^{\ 0}_{-0.02}$	3	超差全扣		
	3	36±0.03	5	超差全扣		
	4	60°±3′　　　(2)	2×2	每超一处扣 2 分		
	5	锉面 Ra1.6　　(10)	0.5×10	每超一面扣 0.5 分		
件 2	6	$52^{\ 0}_{-0.02}$	3	超差全扣		
	7	15±0.05　　　(2)	2×2	每超一处扣 2 分		
	8	50±0.05	3	超差全扣		
	9	孔 ϕ8H7、Ra1.6　(2)	2/2	超差全扣		
	10	锉面 Ra1.6　　(8)	0.5×8	每超一面扣 0.5 分		
件 3	11	$16^{\ 0}_{-0.02}$	3	每超一处扣 0.5 分		
	12	$24^{\ 0}_{-0.02}$	3	超差全扣		
	13	60°±3′　　　(2)	2×2	每超一处扣 2 分		
	14	Φ8H7、Ra1.6	1/1	超差全扣		
	15	锉面 Ra1.6　　(4)	0.5×4	每超一面扣 0.5 分		
件 4	16	$16^{\ 0}_{-0.02}$	3	超差全扣		
	17	60°±3′　　　(2)	2×2	每超一处扣 2 分		
	18	ϕ8H7、Ra1.6	1/1	超差全扣		
	19	锉面 Ra1.6　　(4)	0.5×4	每超一面扣 0.5 分		
配 合	20	间隙≤0.04　　(12)	12	每超一处扣 1 分		
	21	错位量≤0.05	2	超差全扣		
	22	2-A 允差 0.1	1	超差全扣		
	23	互换：				
	24	间隙≤0.04　　(7)	12	每超一处扣 1 分		
	25	错位量≤0.05　(2)	2	超差全扣		
	26	2-A 允差 0.1	1	超差全扣		
	27	安全文明生产	扣分	违者每次扣 2 分，严重者扣 5~10 分		

试题七 V形三角总成

考核试题图纸如图 12-13 所示。

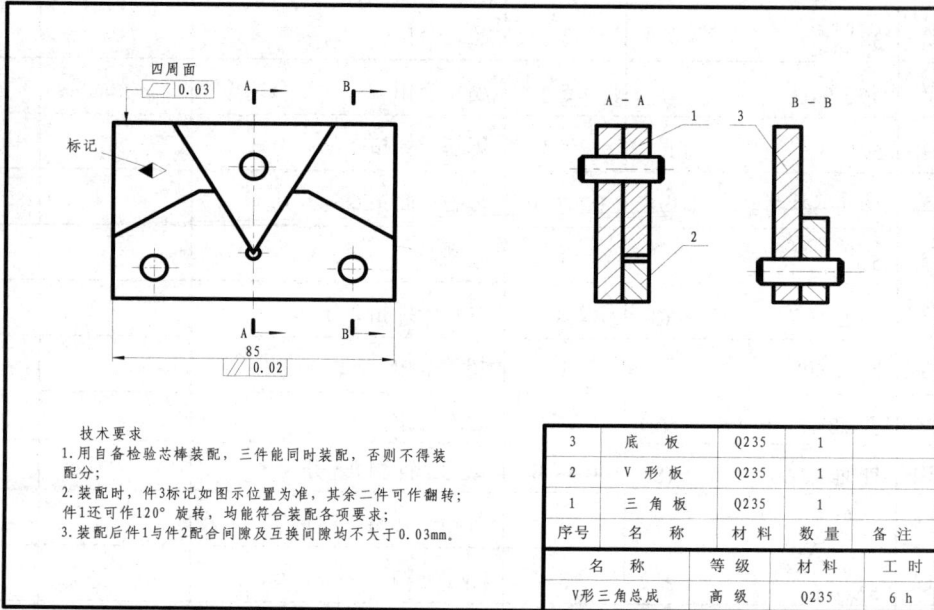

(a)

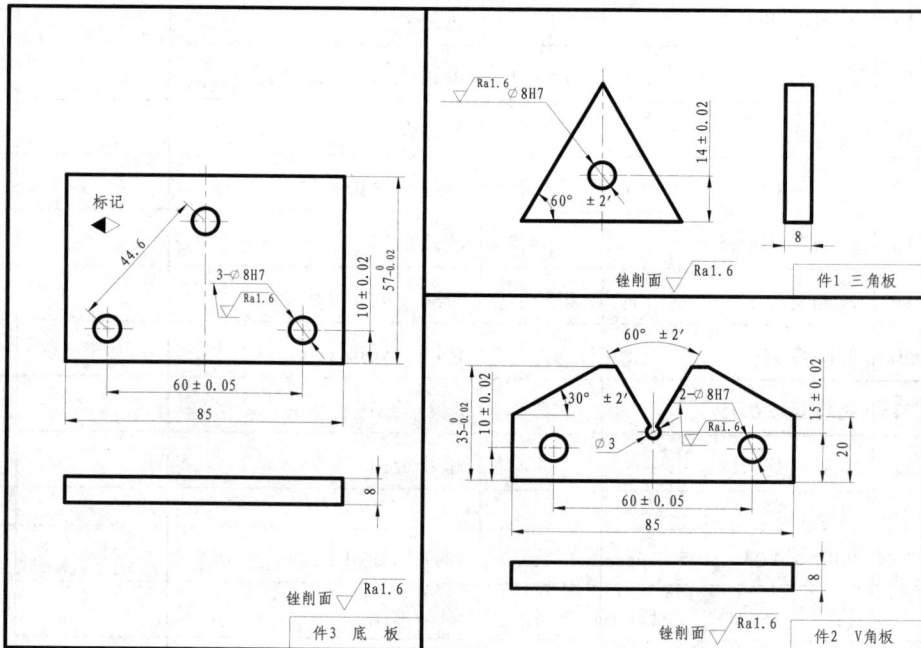

(b)

图 12-13 V形三角总成

考试准备：请按图 12-14 所示备料，按表 12-13 准备工、量刃具。

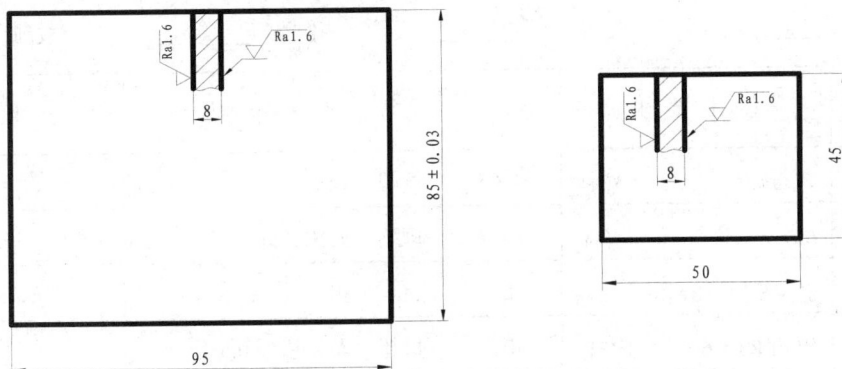

图 12-14 备料图

表 12-13 工、量、刃具准备

名 称	规 格	精 度 (读数值)	数量	名 称	规 格	精 度 (读数值)	数量
高度划线尺	0～300 mm	0.02 mm	1	锉刀	250 mm	1 号纹	1
游标卡尺	0～150 mm	0.02 mm	1		200 mm	2、3 号纹	各 1
千分尺	0～25 mm	0.01 mm	1		150 mm	3 号纹	1
	25～50 mm	0.01 mm	1	三角锉	150 mm	2、3 号纹	各 1
	50～75 mm	0.01 mm	1	整形锉	$\phi5$ mm		1 套
	75～100 mm	0.01 mm	1	测量圆柱	$\phi10×25$		1
万能角度尺	0～320°	2′	1	圆柱销	$\phi8×25$		3
刀口角尺	100×63 mm	0 级	1	铰杠	h6		1
塞 尺	0.02～0.5 mm		1	手用铰刀	$\phi8$mm	H7	1
杠杆百分表	0～0.8 mm	0.01 mm	1	划线靠铁			1
表架			1	锯弓			1
块规	83	1 级	1	锯条			1
正弦规	宽型 100mm	1 级	1	手锤			1
钻头	$\phi3$、$\phi6$mm		各 1	划线工具			1 套
	$\phi7$、$\phi7.8$ mm		各 1	软钳口			1 付
	$\phi12$ mm		1	铜丝刷			1
塞规	$\phi8$ mm	H7	1	函数计算器			1

评分标准见表 12-14。

表 12-14　V 形三角总成评分标准

班级：_____　　　　姓名：_____　　　　学号：_____　　　　成绩：_____

序 号		技 术 要 求		配 分	评 分 标 准	实 测 记 录	得分
件 1	1	14 ± 0.02	(3)	4×3	每超一处扣 4 分		
	2	$60°\pm2'$	(3)	3×3	每超一处扣 3 分		
	3	孔 $\phi8H7$、Ra1.6		1/1	超差全扣		
	4	锉面 Ra 1.6	(3)	扣分	每超一面扣总分 0.5 分		
件 2	5	$35_{-0.02}^{0}$		2	超差全扣		
	6	15 ± 0.02		4	超差全扣		
	7	$60°\pm2'$		3	超差全扣		
	8	$30°\pm2'$	(2)	3×2	每超一处扣 4 分		
	9	10 ± 0.02	(2)	3×2	每超一处扣 4 分		
	10	60 ± 0.05		2	超差全扣		
	11	孔 $\phi8H7$、Ra1.6	(2)	2/2	超差全扣		
	12	锉面 Ra1.6	(8)	扣分	每超一面扣总分 0.5 分		
件 3	13	$57_{-0.02}^{0}$		2	超差全扣		
	14	10 ± 0.02	(2)	3×2	每超一处扣 4 分		
	15	60 ± 0.05		2	超差全扣		
	16	孔 $\phi8H7$、Ra1.6	(3)	3/3	超差全扣		
	17	锉面 Ra1.6	(4)	扣分	每超一面扣总分 0.5 分		
配 合	18	间隙≤0.04	(6)	2×6	每超一处扣 2 分		
	19	// 0.02		1	超差全扣		
	20	∠ 0.03	(4)	1×4	每超一处扣 1 分		
	21	件 2 翻转 180°：					
	22	间隙≤0.04	(6)	2×6	每超一处扣 2 分		
	23	// 0.02		1	超差全扣		
	24	∠ 0.03	(4)	1×4	每超一处扣 1 分		
25		安全文明生产		扣分	违者每次扣 2 分，严重者扣 5～10 分		

参 考 文 献

[1] 国家职业技能鉴定规范(2009 年修订)：装配钳工.
[2] 童永华. 钳工技能实训. 3 版. 北京：北京理工大学出版社，2013.
[3] 刘建明. 钳工技能训练. 北京：电子工业出版社，2008.
[4] 胡建生. 机械制图. 北京：机械工业出版社，2013.
[5] 浦学西. 模具结构图解. 北京：中国劳动保障出版社，2009.

参 考 文 献